21世纪高等学校规划教材｜计算机应用

大学计算机基础实验指导（第3版）

刘腾红　王少波　范爱萍　主编

清华大学出版社
北京

内 容 简 介

本书是《大学计算机基础(第3版)》(刘腾红等主编,北京:清华大学出版社,2013)的配套教材,是根据教学大纲、联系教学实际编写的。全书由8章组成,包括计算机基础知识、Windows 7、Word 2010、Excel 2010、PowerPoint 2010、计算机网络及应用、多媒体技术基础、信息系统安全。

本书适合高等院校非计算机专业的学生作为学习"大学计算机应用基础"课程的配套教材。对从事大学计算机应用基础教学的教师也是一本极好的参考书。

图书在版编目(CIP)数据

大学计算机基础实验指导/刘腾红等主编.--3版.--北京:清华大学出版社,2013(2014.7重印)

21世纪高等学校规划教材·计算机应用

ISBN 978-7-302-33232-9

Ⅰ.①大… Ⅱ.①刘… Ⅲ.①电子计算机-高等学校-教学参考资料 Ⅳ.①TP3

中国版本图书馆 CIP 数据核字(2013)第 160256 号

责任编辑:闫红梅 薛 阳
封面设计:傅瑞学
责任校对:李建庄
责任印制:刘海龙

出版发行:清华大学出版社
  网 址:http://www.tup.com.cn,http://www.wqbook.com
  地 址:北京清华大学学研大厦 A 座   邮 编:100084
  社 总 机:010-62770175   邮 购:010-62786544
  投稿与读者服务:010-62776969,c-service@tup.tsinghua.edu.cn
  质 量 反 馈:010-62772015,zhiliang@tup.tsinghua.edu.cn
印 刷 者:三河市君旺印务有限公司
装 订 者:三河市新茂装订有限公司
经 销:全国新华书店
开 本:185mm×260mm 印 张:10.25 字 数:257 千字
版 次:2007 年 8 月第 1 版 2013 年 9 月第 3 版 印 次:2014 年 7 月第 2 次印刷
印 数:6801~11300
定 价:19.50 元

产品编号:053665-01

出 版 说 明

随着我国改革开放的进一步深化,高等教育也得到了快速发展,各地高校紧密结合地方经济建设发展需要,科学运用市场调节机制,加大了使用信息科学等现代科学技术提升、改造传统学科专业的投入力度,通过教育改革合理调整和配置了教育资源,优化了传统学科专业,积极为地方经济建设输送人才,为我国经济社会的快速、健康和可持续发展以及高等教育自身的改革发展做出了巨大贡献。但是,高等教育质量还需要进一步提高以适应经济社会发展的需要,不少高校的专业设置和结构不尽合理,教师队伍整体素质亟待提高,人才培养模式、教学内容和方法需要进一步转变,学生的实践能力和创新精神亟待加强。

教育部一直十分重视高等教育质量工作。2007 年 1 月,教育部下发了《关于实施高等学校本科教学质量与教学改革工程的意见》,计划实施"高等学校本科教学质量与教学改革工程(简称'质量工程')",通过专业结构调整、课程教材建设、实践教学改革、教学团队建设等多项内容,进一步深化高等学校教学改革,提高人才培养的能力和水平,更好地满足经济社会发展对高素质人才的需要。在贯彻和落实教育部"质量工程"的过程中,各地高校发挥师资力量强、办学经验丰富、教学资源充裕等优势,对其特色专业及特色课程(群)加以规划、整理和总结,更新教学内容、改革课程体系,建设了一大批内容新、体系新、方法新、手段新的特色课程。在此基础上,经教育部相关教学指导委员会专家的指导和建议,北京:清华大学出版社在多个领域精选各高校的特色课程,分别规划出版系列教材,以配合"质量工程"的实施,满足各高校教学质量和教学改革的需要。

为了深入贯彻落实教育部《关于加强高等学校本科教学工作,提高教学质量的若干意见》精神,紧密配合教育部已经启动的"高等学校教学质量与教学改革工程精品课程建设工作",在有关专家、教授的倡议和有关部门的大力支持下,我们组织并成立了"清华大学出版社教材编审委员会"(以下简称"编委会"),旨在配合教育部制定精品课程教材的出版规划,讨论并实施精品课程教材的编写与出版工作。"编委会"成员皆来自全国各类高等学校教学与科研第一线的骨干教师,其中许多教师为各校相关院、系主管教学的院长或系主任。

按照教育部的要求,"编委会"一致认为,精品课程的建设工作从开始就要坚持高标准、严要求,处于一个比较高的起点上;精品课程教材应该能够反映各高校教学改革与课程建设的需要,要有特色风格、有创新性(新体系、新内容、新手段、新思路,教材的内容体系有较高的科学创新、技术创新和理念创新的含量)、先进性(对原有的学科体系有实质性的改革和发展,顺应并符合 21 世纪教学发展的规律,代表并引领课程发展的趋势和方向)、示范性(教材所体现的课程体系具有较广泛的辐射性和示范性)和一定的前瞻性。教材由个人申报或各校推荐(通过所在高校的"编委会"成员推荐),经"编委会"认真评审,最后由清华大学出版社审定出版。

目前，针对计算机类和电子信息类相关专业成立了两个"编委会"，即"清华大学出版社计算机教材编审委员会"和"清华大学出版社电子信息教材编审委员会"。推出的特色精品教材包括：

（1）21世纪高等学校规划教材·计算机应用——高等学校各类专业，特别是非计算机专业的计算机应用类教材。

（2）21世纪高等学校规划教材·计算机科学与技术——高等学校计算机相关专业的教材。

（3）21世纪高等学校规划教材·电子信息——高等学校电子信息相关专业的教材。

（4）21世纪高等学校规划教材·软件工程——高等学校软件工程相关专业的教材。

（5）21世纪高等学校规划教材·信息管理与信息系统。

（6）21世纪高等学校规划教材·财经管理与应用。

（7）21世纪高等学校规划教材·电子商务。

（8）21世纪高等学校规划教材·物联网。

清华大学出版社经过三十多年的努力，在教材尤其是计算机和电子信息类专业教材出版方面树立了权威品牌，为我国的高等教育事业做出了重要贡献。清华版教材形成了技术准确、内容严谨的独特风格，这种风格将延续并反映在特色精品教材的建设中。

清华大学出版社教材编审委员会

联系人：魏江江

E-mail：weijj@tup.tsinghua.edu.cn

前　言

　　为了帮助大学生学好"大学计算机应用基础"课程,提高学生理解基本概念和实际动手的能力,根据《中国高等院校计算机基础教育课程体系 2008》(中国高等院校计算机基础教育改革课题研究组.北京:清华大学出版社,2008)的要求,结合课程教学大纲、联系教学特点和实际情况,我们组织在"大学计算机应用基础"课教学第一线的教师编写了此书。

　　本书是《大学计算机基础》(第 3 版)(刘腾红等主编,北京:清华大学出版社,2011)的配套教材,是根据教学大纲、联系教学实际编写的。全书由 8 章组成。包括计算机基础知识,Windows 7、Word 2010、Excel 2010、PowerPoint 2010、计算机网络及应用、多媒体技术基础、信息系统安全。其内容与《大学计算机基础》(第 3 版)一致。每个实验由实验目的、实验说明和实验内容三部分组成,是学生学习"大学计算机基础"课程的上机指导书。

　　本书内容广泛,选材讲究,可满足各类教学之需,对学生的学习和实践有很好的指导作用。本书适合高等院校非计算机专业的学生作为学习大学计算机应用基础知识的配套教材使用。对从事大学计算机应用基础教学的教师也是一本极好的参考书。

　　本书由刘腾红、王少波、范爱萍主编,并负责全书的统稿和总纂。参加本书编写的有刘腾红、王少波、范爱萍、叶焕倬、阮新新、屈振新、周晓华、丁亚兰、李玲、鲁敏等。参加本书校对工作的有孙崇晓、李彬、刘会会、张政、王威、赵飞、左倩茜、刘泽志、范琴等。

　　本书的编写和出版,得到了中南财经政法大学教务部、信息与安全工程学院等领导和老师的大力支持和指导,得到了清华大学出版社编辑等的鼎力支持,在此深表感谢!

　　由于水平有限,书中错误和不足之处在所难免,恳请读者提出宝贵意见。

编　者

2013 年 5 月于中南财经政法大学

目 录

第1章

计算机基础

实验1 计算机硬件系统的组装

一、实验目的

（1）熟悉计算机硬件系统的各组成部分。

（2）掌握计算机硬件系统组装的一般步骤。

（3）以台式机为例,完成一台计算机的硬件安装工作并使其能够正常工作。

二、实验说明

计算机的硬件系统一般可以从以下两个方面来看:

（1）从外观上看,台式计算机由主机箱、键盘、鼠标和显示器等组成。主机箱由主板、CPU、内存、显卡、声卡、硬盘和光驱等部件组成。

（2）从功能上看,计算机的硬件系统可以分为运算器、控制器、存储器、输入设备和输出设备5大部分。

三、实验内容

1. 实验前的准备

（1）了解计算机的各主要组成部分及其工作原理,掌握有关计算机硬件的技术资料,了解计算机的主要构成部件和功能,特别是了解主板的构成、各部件的安装位置和各外设接口的位置。

（2）准备好实验所需配件与工具(如图1-1所示):主板和主板说明书、CPU和CPU风扇、内存条、显示器和显卡、硬盘、光驱、键盘、鼠标、主机箱与电源等。

准备好安装工具:带有磁性的十字螺丝刀、尖嘴钳、散热膏(导热硅胶)和平口螺丝刀等。计算机上的大部分配件都是用十字螺丝刀来固定的,选用带磁性的螺丝刀是为了吸住螺丝使安装方便,另外螺丝落入狭小空间后也容易取出。尖嘴钳可以用来折断一些材质较硬的机箱后面的挡板,还可以用来夹一些细小的螺丝、螺帽、跳线帽等小零件。在安装CPU的时候,导热硅胶也是必不可少的,用它可以填充散热器与CPU表面的空隙,更好地帮助散热。

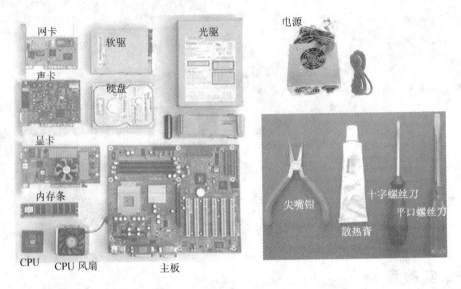

图 1-1　实验所需部分配件与工具

2. 操作步骤

主板和主机箱内各部件的安装位置如图 1-2 和图 1-3 所示。

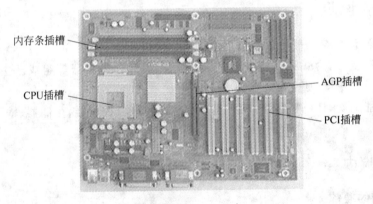

图 1-2　主板

图 1-3　主机箱内部结构图

1）安装 CPU

（1）CPU 的安装并不困难，首先要找对方向。注意观察主板上的 CPU 插槽，其中有些边角处并没有针孔，这一位置也应该对应 CPU 上缺针的位置。以 AMD 的 Athlon 处理器为例，其针脚有两个边角呈"斜三角"，如图 1-4 所示，应该对准 Socket A 插槽上的"斜三角"，如图 1-5 所示。如果方向反了，那么 CPU 是无法顺利嵌入 CPU 插槽的。

图 1-4　AMD 处理器的"斜三角"

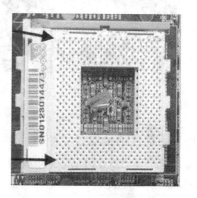

图 1-5　Socket A 插槽上的"斜三角"

（2）安装 CPU 时应该先轻轻地 90°拉起 CPU 插槽固定杆，如图 1-6 所示，垂直将 CPU 与主板插座上的两个缺角相对应插入，如果安装正确 CPU 会自动滑入 CPU 插座。确认针脚全部滑入插槽后用力下压 CPU 拉杆，以固定 CPU。整个过程应该相当轻松，如果遇到很大的阻力，应该立即停止，因为这很可能是 CPU 插入方向错误所引起的。一味地使用蛮力肯定不能解决问题，反而会损坏 CPU！

(a)拉起固定杆

(b)插入CPU

图 1-6　安装 CPU

（3）安装 CPU 风扇。

相对而言，安装 CPU 风扇是整个装机过程中最危险的一步，因为用力不当就很容易压坏 CPU 的核心。不过也没有必要因此缩手缩脚，只要方法得当，完全可以顺利过关。

首先用导热硅胶在 CPU 的表面均匀地涂上一层，在涂抹时应注意不要在 CPU 上放置太多的导热硅胶，只需在 CPU 中央部分挤少量硅胶，然后用刮片向四周涂抹直到涂满整个 CPU 为止。做这一步的目的是确保 CPU 与散热片之间紧密接触，赶走空气，如图 1-7 所示。

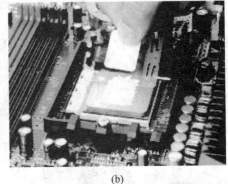

(a)　　　　　　　　　　　　(b)

图 1-7　涂抹导热硅胶

　　接下来将风扇按照正确的方向放到 CPU 上面，然后，把扣具两端的搭扣套入 CPU 插槽两边相应的卡位上，最后，拨动风扇一侧的拉动杆，扣具会自动紧缩从而将风扇固定在主板上面，如图 1-8 所示。

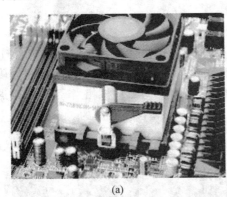
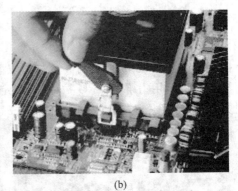

(a)　　　　　　　　　　　　(b)

图 1-8　安装 CPU 风扇

　　最后千万不能忘记为 CPU 风扇接上电源，不然短短的几秒钟就可能让 CPU 过热而烧毁。如今 CPU 风扇都采用 3pin 电源接口，一般位于主板上 CPU 插槽的附近，如图 1-9 所示。这种 3pin 电源接口有一个导向小槽，因此不用担心插反。

图 1-9　为 CPU 风扇连接电源

2）安装内存条

在主板上找到内存条插槽位置（一长条形的插槽），如图 1-10 所示。

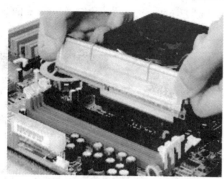
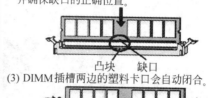

安装DDR内存
(1) DDR DIMM内存条的中央仅有一个缺口
(2) 将DDR内存垂直插入DDR插槽中，并确保缺口的正确位置。

凸块　缺口

(3) DIMM插槽两边的塑料卡口会自动闭合。

图 1-10　内存条安装示意图

（1）扳开内存插槽两边的卡扣。

（2）用手捏住内存条的两端，将内存条的缺口与插槽的缺口相对应，然后垂直用力将内存条按下。当听到"咔"的一声表明两端卡扣已经合拢，表示内存条被正确安装在主板上。

3）安装电源

安装电源很简单，先将电源放进机箱上的电源位，并将电源上的螺丝固定孔与机箱上的固定孔对正，然后再先拧上一颗螺钉（固定住电源即可），再将最后 3 颗螺钉孔对正位置，最后拧上剩下的螺钉即可。

需要注意的是，在安装电源时，首先要做的就是将电源放入机箱内，这个过程中要注意电源放入的方向，有些电源有两个风扇，或者有一个排风口，则其中一个风扇或排风口应面对着主板，放入后稍稍调整，让电源上的 4 个螺钉和机箱上的固定孔分别对齐。

4）安装主板

（1）将机箱或主板附带的固定主板用的螺丝柱和塑料钉旋入主板和机箱的对应位置，如图 1-11 所示。

（2）将机箱上的 I/O 接口的密封片撬掉。提示：可根据主板接口情况，将机箱后相应位置的挡板去掉。这些挡板与机箱是直接连接在一起的，需要先用螺丝刀将其顶开，然后用尖嘴钳将其扳下。外加插卡位置的挡板可根据需要决定，而不要将所有的挡板都取下。

（3）将主板对准 I/O 接口放入机箱。

（4）将主板固定孔对准螺丝柱和塑料钉，然后用螺丝将主板固定好，如图 1-12 所示。

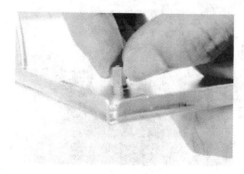

图 1-11　安装螺丝柱　　　　　　　　　　　　图 1-12　固定主板

(5)将电源插头插入主板上的相应插口中。现在的主板一般兼容 24Pin 和 20Pin 的电源接口,以便满足现在仍旧使用老电源的用户。大家在安装时只要注意主板上的接口和电源接口对准就可以了。不过在安装 20Pin 的电源时一定要注意空出板子最左面的 4 针位来,如图 1-13 所示。

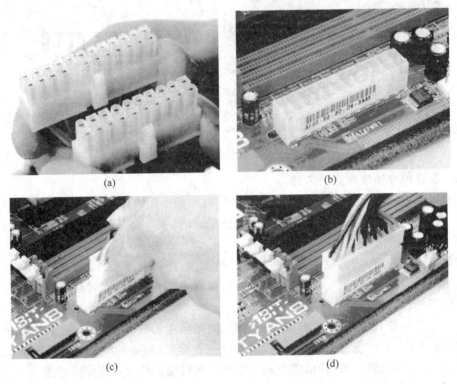

图 1-13   连接主板电源

5) 安装显卡(若主板已集成显卡,可省略此步骤)

目前,独立显卡大多数是 AGP 接口,所以显卡应安装在主板的 AGP 插槽中。

(1)从机箱后壳上移除对应 AGP 插槽上的扩充挡板及螺丝。

(2)将显卡很小心地对准 AGP 插槽并且很准确地插入 AGP 插槽中。注意:务必确认显卡上的金属触点很准确地与 AGP 插槽接触在一起。

(3)用螺丝刀将螺丝锁上,使显卡固定在机箱壳上,如图 1-14 所示。

图 1-14   安装显卡

　6）安装声卡、网卡或调制解调器（若主板已集成，可省略此步骤）

　　大部分声卡、网卡、内置调制解调器都是安装在主板的 PCI 插槽中。主板大约有五六个 PCI 插槽（白色），如图 1-2 所示。通常选最下面的 PCI 插槽安装声卡，第 2 个或第 3 个 PCI 插槽安装网卡或调制解调器以便连接网线或电话线。它们的安装过程基本相同。

　　（1）确定要把该卡插入到 PCI 插槽。取下机箱后部与其对应的金属挡片。

　　（2）将该卡插脚对准 PCI 插槽，其金属挡板对准机箱挡片孔，双手垂直用力将卡压入插槽中。

　　（3）在该卡挡板上拧上螺丝，将其牢靠地固定在机箱上。

　7）安装光驱和硬盘

　　机箱内有专用的托架，可用来安装光驱和硬盘。一般将光驱安装在上部托架，硬盘安装在下部托架。注意光驱应从机箱外部装入，而硬盘则是从机箱内部装入托架。

　　（1）安装光驱：取下机箱前部与光驱对应位置的挡片；用手托住光驱，有标签的一面向上，后端对准机箱内部，将光驱轻轻推入；调整光驱位置，对准螺丝孔位置，拧上螺丝。

　　（2）连接光驱的数据线、电源线和音频线：将 40 针的数据排线一端接光驱，一端插到主板的 IDE2 插座上，注意方向；从电源端取一较大的 Male 插头插到光驱电源接口；将音频线的一端接到光驱接口，一端接到声卡的音频接口。

　　（3）安装硬盘：单手捏住硬盘（注意：手指不要接触硬盘底部的电路板，以防身上的静电损坏硬盘），对准安装插槽后，轻轻地将硬盘往里推，直到硬盘的 4 个螺丝孔与机箱上的螺丝孔对齐为止。

　　硬盘到位后，就可以上螺丝了。注意，硬盘在工作时其内部的磁头会高速旋转，因此必须保证硬盘安装到位，确保固定。硬盘的两边各有两个螺丝孔，因此最好能上 4 个螺丝，并且在上螺丝时，4 个螺丝的进度要均衡，切勿一次性拧好一边的两个螺丝，然后再去拧另一边的两个。如果一次就将某个螺丝或某一边的螺丝拧得过紧的话，硬盘可能受力就会不对称，影响数据的安全。

　　（4）连接硬盘的数据线和电源线：将硬盘数据线一端连接到硬盘，另一端连接到主板，并将从电源引出的硬盘电源线连接到硬盘，如图 1-15 所示。

　8）连接主板上的信号线和控制线

　　注意：连接之前，首先在主板的说明书上找到各种信号线的详细说明。

　　（1）PC 喇叭的 4 芯插头，实际上只有 1、4 两根线，1 线通常为红色，它是接在主板 Speaker 插针上。这在主板上有标记，通常为 SPKR，如图 1-16 所示。在连接时，注意红线对应 1 的位置（注：红线对应 1 的位置——有的主板将正极标为"1"，有的标为"＋"，视情况而定）。

　　（2）RESET SW 接头连着机箱的 RESET 键，它要接到主板上 RST 插针上，如图 1-16 所示。主板上 RST 针的作用是这样的：当它们短路时，计算机就重新启动。RESET 键是一个开关，按下它时产生短路，手松开时又恢复开路，瞬间的短路就使计算机重新启动。偶尔会有这样的情况，当按一下 RESET 键并松开，但它并没有弹起，一直保持着短路状态，计算机就不停地重新启动。

　　（3）ATX 结构的机箱上有一个总电源的开关接线，是个两芯的插头，它和 Reset 的接头一样，按下时短路，松开时开路，按一下，计算机的总电源就被接通了，再按一下就关闭。

图 1-15　安装硬盘并连接数据线和电源线

（4）Power LED 这个 3 芯插头是电源指示灯的接线，使用 1、3 位，1 线通常为绿色。在主板上，插针通常标记为 PWR，如图 1-16 所示，连接时注意绿色线对应于第一针（＋）。当它连接好后，计算机一打开，电源灯就一直亮着，指示电源已经打开了。

图 1-16　Speaker、RESET SW、Power LED 和硬盘指示灯接口

（5）硬盘指示灯的两芯接头，1 线为红色。在主板上，这样的插针通常标着 IDE LED 或 HDD LED 的字样，连接时要红线对 1。这条线接好后，当计算机在读写硬盘时，机箱上的硬盘的灯会亮。

接下来还需将机箱上的电源、硬盘、喇叭、复位等控制连接端子线插到主板上的相应插针上。连接这些指示灯线和开关线是比较繁琐的，因为不同的主板在插针的定义上是不同的,究竟哪几根是用来插接指示灯的,哪几根是用来插接开关的都需要查阅主板说明书才能清楚,所以建议最好在将主板放入机箱前就将这些线连接好。另外主板的电源开关、RESET(复位开关)这几种设备是不分方向的,只要弄清插针就可以插好,而 HDD LED(硬盘灯)、POWER LED(电源指示灯)等,由于使用的是发光二极管,所以插反是不能闪亮的,一定要仔细核对说明书上对该插针正负极的定义。

9) 连接键盘、鼠标、显示器等外部设备

完成以上 8 个步骤后,就完成了主机安装部分。装上机箱盖,把电源线插到机箱背面的电源插座上,如图 1-17 所示。下面开始连接外部设备:键盘、鼠标、显示器等。

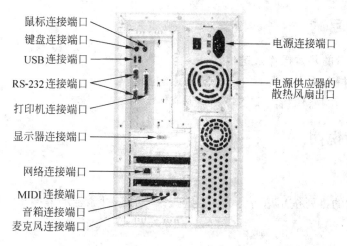

图 1-17 主机箱的后背示意图

（1）安装显示器。

连接显示器的电源:将显示器电源连接线的另外一端连接到电源插座上。

连接显示器的信号线:把显示器后部的信号线与机箱后面的显卡输出端相连接,显卡的输出端是一个 15 孔的三排插座,只要将显示器信号线的插头插到上面就行了。插的时候要注意方向,厂商在设计插头的时候为了防止插反,将插头的外框设计为梯形,如图 1-18 所示,因此一般情况下是不容易插反的。

图 1-18 显示器信号线

（2）安装鼠标和键盘。

键盘和鼠标的安装很简单,现在最常见的是 USB 接口的鼠标和键盘,安装时将键盘和鼠标的 USB 接口插到主板上的任意一个 USB 口上。

至此,一台计算机已经组装完了。打开显示器开关,按下机箱电源开关,如果一切正常,机箱里的 PC 喇叭就会发出"嘀"的一声,并且显示器出现启动信息,则说明计算机硬件组装完全成功。

注意事项:

① 如何判断接头正负极?

· 红色必为正极,两条线内若有红线,则红线一定是正极。

· 白色必为负极,两条线内若有白线,则白线一定是负极。

• 若不符合前两项规则,则黑线为负极。例如:蓝黑线,则黑线为负极。

② 在机箱内,4 芯的驱动器电源插头用处最广泛,那么如何识别它的电源线?

4 芯的驱动器电源插头用处最广泛,所有的 CD-ROM、DVD-ROM、CD-RW、硬盘甚至部分风扇都要用到它。4 芯插头提供了＋12V 和＋15V 两组电压,一般黄色电线代表＋12V 电源,红色电线代表＋15V 电源,黑色电线代表 0V 地线。

实验 2　键盘指法练习

一、实验目的

(1) 熟悉键盘的基本操作及键位。

(2) 熟练掌握英文大小写、数字、标点的用法及输入。

(3) 掌握正确的操作指法及姿势。

二、实验说明

1. 认识键盘

键盘上键位的排列按用途可分为:主键盘区、功能键区、全屏幕编辑键区、辅助键区,如图 1-19 所示。

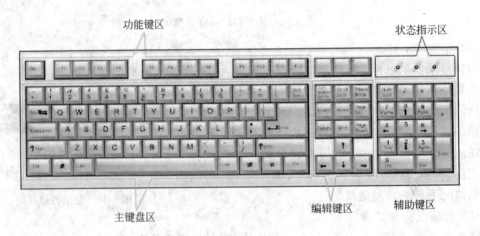

图 1-19　键盘

主键盘区是键盘操作的主要区域,包括 26 个英文字母、0～9 十个数字、运算符号、标点符号、控制键等。

字母键:共 26 个,按英文打字机字母顺序排列,在主键盘区的中央区域。一般地,计算机开机后,默认的英文字母输入为小写字母。如需输入大写字母,可按住上挡键⇧ Shift 击打字母键,或按下大写字母锁定键 Caps Lock(此时,辅助键区对应的指示灯亮,表明键盘处于大写字母锁定状态),击打字母键可输入大写字母。再次按下 Caps Lock 键(辅助键区对应的指示灯灭),重新转入小写输入状态。

常用键的作用如表 1-1 所示。

表 1-1 键盘常用键的作用

按 键	名 称	作 用
Space	空格键	按一下产生一个空格
Shift	换挡键	同时按下 Shift 键和具有上下挡字符的键,上挡符起作用
BackSpace	退格键	删除光标左边的字符
Ctrl	控制键	与其他键组合成特殊的控制键
Alt	控制键	与其他键组合成特殊的控制键
Tab	制表定位	按一次,光标向右跳 8 个字符位置
Caps Lock	大小写转换键	Caps Lock 灯亮为大写状态,否则为小写状态
Enter	回车键	命令确认,且光标移到下一行
Ins(Insert)	插入覆盖转换	插入状态是在光标左面插入字符,否则覆盖当前字符
Del(Delete)	删除键	删除光标右边的字符
PgUp(Page Up)	向上翻页键	光标定位到上一页
PgDn(Page DoWn)	向下翻页键	光标定位到下一页
Num Lock	数字锁定转换	Num Lock 灯亮时小键盘数字键起作用
Esc	强行退出	可废除当前命令行的输入,等待新命令的输入,或中断当前正在执行的程序

2. 正确的操作姿势及指法

(1)腰部坐直,两肩放松,上身微向前倾,如图 1-20 所示。

图 1-20 正确的操作姿势

(2)手臂自然下垂,小臂和手腕自然平抬。

(3)手指略微弯曲,左右手食指、中指、无名指、小指依次轻放在 F、D、S、A 和 J、K、L、;8 个键位上,并以 F 与 J 键上的凸出横条为识别记号,大拇指则轻放于空格键上,如图 1-21 所示。

(4)眼睛看着文稿或屏幕。

(5)按键时,伸出手指弹击按键,之后手指迅速回归基准键位,做好下次击键准备。如需按空格键,则用右手大拇指横向下轻击。如需按回车键 Enter,则用右手小指向右轻击。

输入时,目光应集中在稿件上,凭手指的触摸确定键位,初学时尤其不要养成用眼确定指位的习惯。

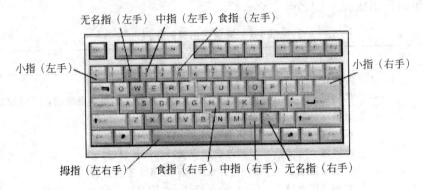

图 1-21　正确的指法

三、实验内容

(1) 开机启动 Windows。下载并安装软件"金山打字通 2013"。

(2) 运行"金山打字通 2013",登录以后,进入初始界面,如图 1-22 所示。在界面上熟悉"金山打字通 2013"的操作项目,包括新手入门、英文打字、拼音打字、五笔打字等。其中,新手入门这个项目提供了相应的基础性打字指导,在进行打字练习之前,可以先进入这一项目进行学习,有助于提高打字练习的效率。

图 1-22　金山打字通 2013 的初始界面

(3) 根据自身情况,有选择地自行练习各操作项目。在测试自己打字速度的同时,要尽快提高速度,并学会盲打。

第2章

Windows 7

实验 1　熟悉 Windows 7、设置工作环境、配置 Windows 7 系统

硬件环境要求：CPU 主频需要 1GHz 及以上、内存需要 1GB 及以上、硬盘安装空间需要 16GB 及以上、显示卡需要支持 DirectX® 9 或更高版本、需要 DVD 或者 DVD-R/W 光驱、需要有 Internet 连接。

软件环境要求：安装 Windows 7 的操作系统。

一、实验目的

（1）熟悉 Windows 7 操作系统的界面。
（2）学会设置工作环境。
（3）学会配置 Windows 7 系统。
（4）正确地启动和退出 Windows 7。
（5）掌握鼠标操作。
（6）掌握帮助方法。

二、实验说明

在实验室中，首先熟悉所使用的计算机，再对其进行操作。

三、实验内容

1. 熟悉 Windows 7 操作系统的界面

（1）将"计算机"、"网络"、"用户的文件"和"控制面板" 4 个图标放置到桌面上。
（2）从"开始"菜单下的"所有程序"中找出几个程序，创建这些程序的快捷方式到桌面上。

2. 设置工作环境

（1）掌握桌面背景的设置。
（2）掌握窗口颜色的设置。

（3）掌握声音的设置。

（4）掌握屏幕保护程序的设置。

（5）创建一个受限用户，用户名称和密码自定。

（6）查看系统硬件的详细配置，包括显卡、声卡和网卡的型号。

3．学会配置 Windows 7 系统

（1）校准计算机系统的时间。

（2）更改计算机名称，并更改工作组为"实验"。

（3）创建一个受限用户，用户名称和密码自定。

（4）查看系统硬件的详细配置，包括显卡、声卡和网卡的型号。

4．正确地启动和退出 Windows 7

5．掌握鼠标操作

6．掌握帮助方法

四、操作提示

1．熟悉 Windows 7 操作系统界面

（1）初始化安装 Windows 7 时，桌面上只保留了"回收站"图标，通过以下操作使"计算机"、"网络"、"用户的文件"及"控制面板" 4 个图标放置到桌面上。

① 鼠标右击桌面空白处，在弹出的快捷菜单中选择"个性化"命令，弹出"个性化"窗口，在"个性化"窗口的左侧单击"更改桌面图标"链接，如图 2-1 所示。

② 打开"桌面图标设置"对话框，选中所有复选框，然后单击"确定"按钮，即可在桌面上添加"计算机"、"网络"、"用户的文件"及"控制面板"图标，如图 2-2 所示。

（2）从"开始"→"所有程序"中找出几个程序，将程序的快捷方式创建到桌面上。在桌面上创建常用程序的快捷方式，可以方便地执行这些程序。

① 单击"开始"下的"所有程序"，将鼠标移动到 Microsoft Word 程序的图标上，该程序图标变为高亮度。

② 鼠标右击该程序图标，在弹出的快捷菜单中选择"发送到"下的"桌面快捷方式"，如图 2-3 所示。

③ 回到桌面，可以看到该程序的快捷方式图标，双击该图标，可以打开该程序。

2．设置工作环境

（1）设置桌面背景。

设置"黄昏的漓江"、"亚龙湾海滩"和"昆明湖十七拱桥"三幅图片为桌面背景，且每隔 10 分钟桌面背景切换一次。

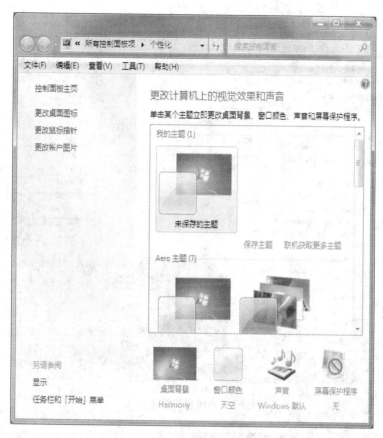

图 2-1 "个性化"窗口

图 2-2 "桌面图标设置"对话框

① 在桌面空白处单击鼠标右键,在弹出的快捷菜单中选择"个性化"选项,打开如图 2-1 所示的"个性化"窗口。

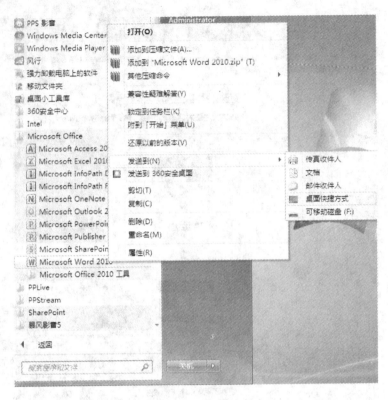

图 2-3　创建程序快捷方式

②　单击图 2-1 下方的"桌面背景"链接,打开"桌面背景"窗口。在"主题"列表框中选择"中国",在"背景图片"列表框中分别选中"黄昏的漓江"、"亚龙湾海滩"和"昆明湖十七拱桥"三幅背景图片,如图 2-4 所示。

③　在"更改图片时间间隔"下拉列表中选择"10 分钟",单击"保存修改"按钮。

(2) 窗口颜色设置为"黄昏",启用透明效果,且菜单字体设置为"楷体"。

①　单击"个性化"窗口下方的"窗口颜色"链接,打开如图 2-5 所示的"窗口颜色和外观"窗口。

②　选择窗口颜色为"黄昏",选择"启用透明效果"复选框。

③　单击"高级外观设置"链接,打开如图 2-6 所示的"窗口颜色和外观"对话框,选择"项目"下拉列表框中的"菜单","字体"下拉列表框中的"方正舒体","大小"下拉列表框中的"20"。

④　单击"确定"→"保存修改"按钮,回到"个性化"窗口界面。

(3) 声音方案设置为"风景",且"Windows 注销"时播放声音"Windows 气球"。

①　单击"个性化"窗口下方的"声音"链接,打开"声音"对话框。

②　在"声音方案"下拉列表框中选择"风景",在"程序事件"列表框中选择"Windows 注销",在"声音"下拉列表框中为"Windows 注销"事件选择"Windows 气球"声音文件,如图 2-7 所示。

③　单击"确定"→"保存修改"按钮,回到"个性化"窗口界面。

图 2-4　选择背景图片

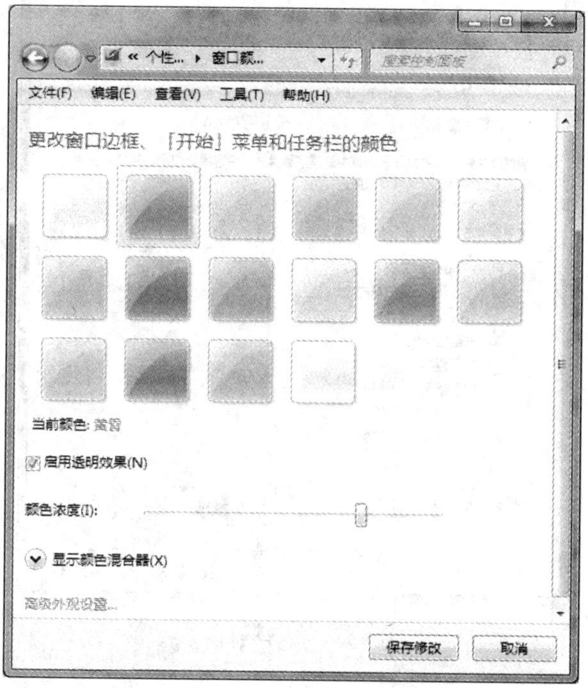

图 2-5　"窗口颜色及外观"窗口

图 2-6　"窗口颜色和外观"对话框

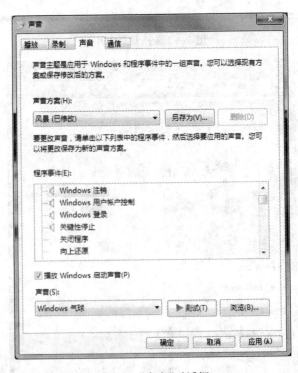

图 2-7　"声音"对话框

（4）设置屏幕保护程序。

设置屏幕保护程序为"三维文字"，自定义文字设置为"中南财经政法大学"且字体设置为"方正舒体"，旋转方式设置为"摇摆式"，屏幕保护程序等待时间设置为1分钟。

① 单击"个性化"窗口下方的"屏幕保护程序"链接，在打开的"屏幕保护程序设置"对话框的"屏幕保护程序"下拉列表框中选择"三维文字"，如图2-8所示。

图2-8　"屏幕保护程序设置"对话框

② 单击"设置"按钮，打开如图2-9所示"三维文字设置"对话框。

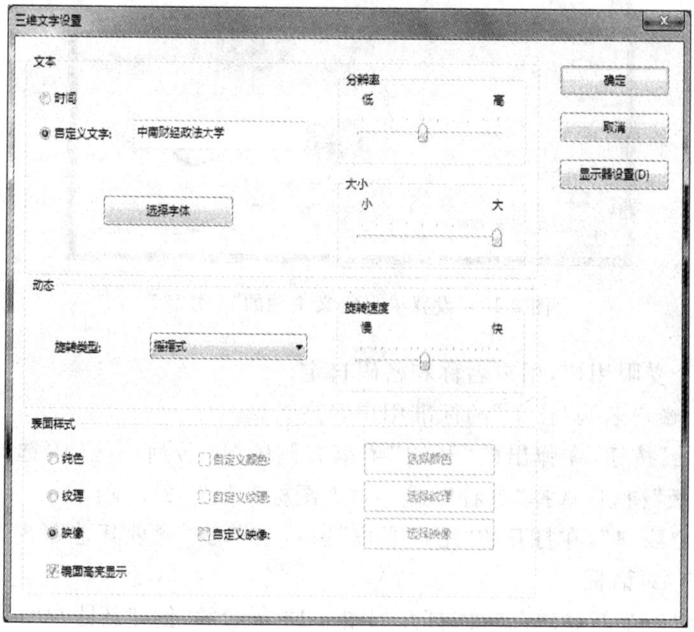

图2-9　"三维文字设置"对话框

③ 选择"自定义文字"单选按钮，在其后的文本框中输入"中南财经政法大学"。

④ 单击"选择字体"按钮，在弹出的"字体"对话框中选择字体为"方正舒体"，字形为"粗"，单击"确定"按钮，回到图 2-9 所示对话框。

⑤ 在"旋转类型"下拉列表框中选择"摇摆式"，单击"确定"按钮，回到"屏幕保护程序设置"对话框界面。

⑥ 调整"等待"微调按钮，设置时间为 1 分钟，单击"确定"按钮，回到"个性化"窗口界面。

将以上意义的主题保存，命名为"假期"。

① 在"个性化"窗口中，选择"我的主题"中的"未保存主题（1）"，在其上右击，在弹出的快捷菜单中选择"保存主题"命令，打开"将主题另存为"对话框。

② 在"主题名称"文本框中输入要保存的名字"假期"，单击"保存"按钮，回到"个性化"窗口界面，可以看到自定义的主题"假期"，如图 2-10 所示。

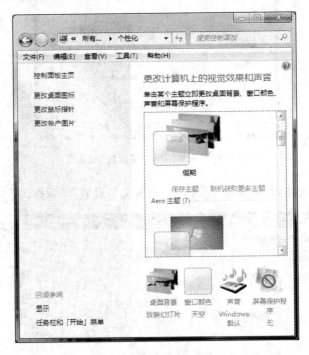

图 2-10　设置了自定义主题的"个性化"

（5）创建一个受限用户，用户名称和密码自定。

① 创建一个账户名为"孩子"的标准用户账户。

a. 单击"开始"按钮，在弹出的"开始"菜单右侧的"跳转列表区"中选择"控制面板"选项，打开"控制面板"窗口，选择"查看方式"为"大图标"，如图 2-11 所示。

b. 单击"用户账户"，在打开的"用户账户"窗口中单击"管理其他账户"，打开如图 2-12 所示的"管理账户"对话框。

c. 单击"创建一个新账户"链接，打开如图 2-13 所示的"创建新账户"窗口。

d. 在输入账户名称文本框中输入新建账户名孩子，账户类型选择"标准用户"单选按钮。

图 2-11　"控制面板"窗口

图 2-12　"管理账户"窗口

e. 单击"创建账户"按钮，完成一个新账户的创建，如图 2-14 所示。

② 为账户孩子设置密码并更改账户图片。

a. 单击图 2-14 中的"孩子"账户，打开如图 2-15 所示的"更改账户"窗口。

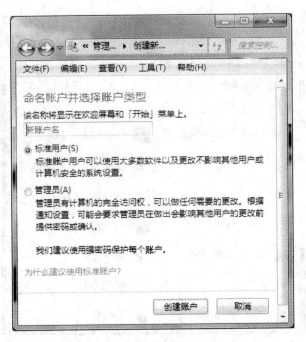

图 2-13　"创建新账户"窗口

图 2-14　新创建的"孩子账户"窗口

　　b. 单击"创建密码"链接,打开如图 2-16 所示的"创建密码"窗口,在相应的文本框中输入密码,单击"创建密码"按钮。

图 2-15 "更改账户"窗口

图 2-16 "创建密码"窗口

  c. 在图 2-15 中单击"更改图片"链接,打开如图 2-17 所示的"更改图片"窗口,为该账户选择一幅图片,单击"更改图片"按钮。

  ③ 为账户"孩子"设置家长控制。

  a. 在图 2-15 中单击"设置家长控制"链接,在打开的"家长控制"窗口中单击"孩子"账户,打开如图 2-18 所示的"用户控制"窗口。

  b. 单击"时间限制"链接,打开"时间限制"窗口,在该窗口中设置要允许或组织的时间,

图 2-17　"更改图片"窗口

图 2-18　"用户控制"窗口

设置如图 2-19 所示。

　　c. 单击"游戏"链接，打开"游戏控制"窗口，在"是否允许被控制账号玩游戏？"下选择"是"单选按钮。

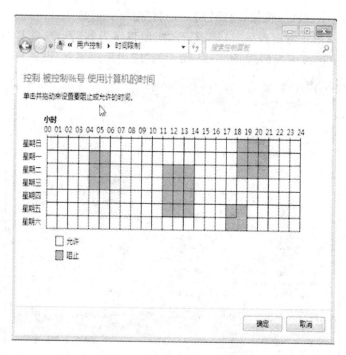

图 2-19 "时间限制"窗口

d. 单击"设置游戏分级"链接,在打开的"游戏限制"窗口中选择"阻止未分级的游戏"单选按钮;在"游戏分级区域"选择"儿童"级别的游戏,如图 2-20 所示。

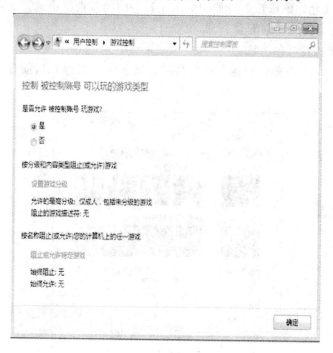

图 2-20 "游戏控制"窗口

　　e. 单击"确定"→"确定"按钮,返回"用户控制"窗口。

　　f. 单击"允许和阻止特定程序"链接,打开"应用程序限制"窗口,选择"被控制账号只能使用允许的程序"单选按钮,打开如图2-21所示的"应用程序限制"设置窗口。

图 2-21　"应用程序限制"窗口

　　g. 根据需要在允许该账户可以使用的应用程序前的复选框中选择即可。

　　(6) 查看系统硬件的详细配置。

　　掌握查看计算机性能的方法。

　　① 启动"Windows 任务管理器",在"性能"选项卡中可以查看当前计算机的性能参数,如图2-22所示。

图 2-22　"Windows 任务管理器"界面

②"Windows 任务管理器"提供了有关计算机性能的信息,并显示了计算机上所运行的程序和进程的详细信息。在图 2-22 中,上半部分显示 CPU 使用率和多个核心的使用记录,当前 CPU 型号为 Inter(Core(TM)i3) CPU M350@2.27GHz,为四核 CPU,使用记录就会分为 4 个图表显示各个核心的使用情况;下半部分为内存使用情况,表明简单的内存使用统计以及系统运行概况。

③ 若想了解更加详细的使用情况,则单击"资源监视器",在打开的"资源监视器"窗口中选择 CPU 选项卡,如图 2-23 所示。在该图中可以看到正在运行的进程以及它们的 CPU 使用率、内存占用率、磁盘读写状况、网络连接状况等。如在图 2-23 中可以查看 mspaint 进程的 CPU 资源占用、线程个数、关联的文件句柄等。

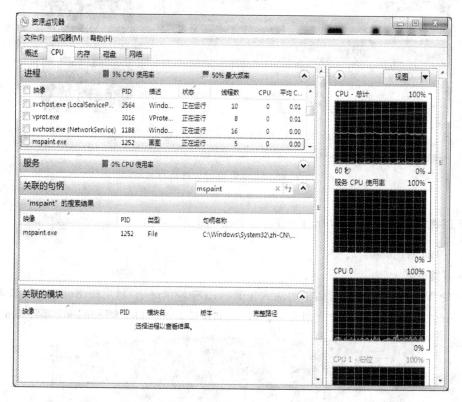

图 2-23　"Windows 资源监视器"CPU 界面

④ 选择"内存"选项卡,如图 2-24 所示,显示了目前计算机内存的使用情况。在图 2-24 中:
"可用 2150MB"为"备用 2095MB"与"可用 55MB"之和;
"缓存 2119MB"为"备用 2095MB"与"已修改 24MB"之和;
"总数 3891MB"为"可用 2150MB"、"已修改 24MB"与"正在使用 1717MB"之和;
"已安装 4096MB"为"总数 3891MB"与"为硬件保留的内存 205MB"之和。

3. 校准计算机系统时间

操作方法参照《大学计算机基础》一书的相关部分。

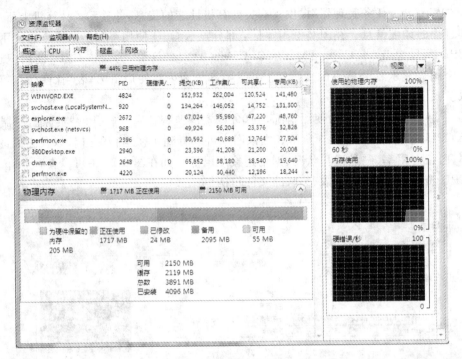

图 2-24　Windows 资源监视器内存界面

4. 正确地启动和退出 Windows 7

(1) 启动 Windows 7。

① 直接开机。

② 在 Windows 7 启动对话框中输入正确的用户名和口令,然后按 Enter 键或者单击文本框右侧的按钮,即可开始加载个人设置,进入如图 2-25 所示的 Windows 7 系统桌面。

图 2-25　Windows 7 系统桌面

（2）退出 Windows 7。

① 单击"开始"按钮，在弹出的"开始"菜单中单击"关机"按钮，系统会自动保存信息，退出系统。

② 若单击"关机"按钮中的指向右侧的三角按钮，则弹出如图 2-26 所示的关机选项菜单，选择相应的选项，也可完成不同程度上的系统退出。

5. 通过 Windows 7 的桌面练习鼠标操作

（1）单击鼠标左键选择或打开一个对象：单击"计算机"，则"计算机"被选中，呈深色。

（2）单击鼠标右键弹出针对对象的快捷菜单，右键单击"计算机"，则弹出如图 2-27 所示的快捷菜单。

图 2-26 "关机"菜单

图 2-27 "计算机"的快捷菜单

（3）双击鼠标左键打开一个对象，左键双击"计算机"，则打开如图 2-28 所示的"计算机"窗口。

图 2-28 "计算机"窗口

（4）按住鼠标左键拖曳选定对象可移动该对象，拖曳"计算机"，改变其在桌面上的位置。

6. 练习"帮助"的使用

（1）单击 Windows 7 窗口中的 ▦ 按钮。

（2）在显示的"开始"菜单中选择"帮助和支持"选项，在打开的"帮助"窗口的顶部单击 ▦ 按钮（即"浏览帮助"按钮），如图 2-29 所示。

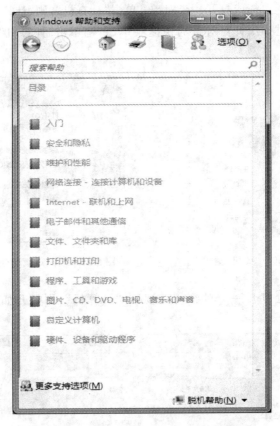

图 2-29　"帮助和支持"窗口的分类浏览

（3）在图 2-29 中可以分类阅读帮助。如：单击"入门"→"Windows 基础知识"→"了解计算机"→"计算机简介"，可打开如图 2-30 所示的窗口，介绍相关内容。

（4）在图 2-29 的"搜索帮助"文本框中输入"家长控制"，可以使用搜索查找相关的帮助信息，搜索结果如图 2-31 所示，选择相应选项查看具体内容。

（5）单击图 2-29 右下角的下拉选项中的"脱机帮助"按钮，还可以获得更为丰富的帮助信息。

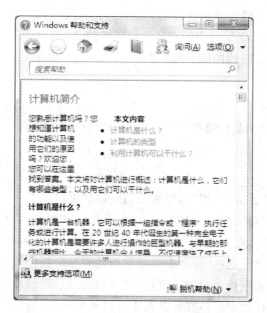

图 2-30 "帮助和支持"窗口的帮助内容

图 2-31 搜索"家长控制"的结果

实验 2 窗口及程序的基本操作

一、实验目的

(1) 熟悉 Windows 的窗口组成,掌握窗口的基本操作,如打开、移动、最大化、最小化和关闭等。

(2) 熟悉启动、退出应用程序。

（3）掌握使用任务管理器结束任务的方法。

（4）掌握 Windows 7 应用程序的安装和使用方法。

（5）掌握创建应用程序的快捷方式的方法。

二、实验说明

在实验室中，对所使用的计算机进行相关窗口及程序的操作。

三、实验内容

（1）在桌面上双击"计算机"图标，可进入"计算机"窗口。

（2）单击该窗口的"最大化/还原"按钮，稍后再单击该按钮一次，观察窗口有何变化，最后使该按钮处于"最大化"状态。

（3）把鼠标指针指向标题栏，按下左键把它拖动到另一新位置。

（4）把鼠标指针移动到该窗口的边框或 4 个边角位置，拖动鼠标来改变窗口的大小。

（5）单击"最小化"按钮，此时，在任务栏上可以见到"计算机"任务按钮。在任务栏上单击该任务按钮，则可在桌面上显示"计算机"窗口。

（6）单击"关闭"按钮，或单击该窗口的"文件"下拉菜单中的"关闭"菜单项，或单击该窗口的工具栏上的组织按钮下的"关闭"命令来退出"计算机"。

（7）打开"开始"菜单，选择"所有程序"菜单中的"附件"，再选择"计算器"，即可启动"计算器"程序，进入"计算器"窗口。

（8）计算 $5*10/9+11-15$ 的值。

（9）从"查看"菜单中选中"科学型"，再分别把 288、32767 转换为十六进制数。

（10）按照上述(7)的方法，再打开"记事本"及"写字板"两个应用程序。（注意：打开后都不关闭）

（11）在任务栏上单击其中任一个任务按钮，即可把该程序作为前台程序，再分别切换到其他两个程序。

（12）按照《计算机应用基础》中介绍的方法，分别使 3 个应用程序窗口按层叠和纵向平铺两种方式排列。

（13）关闭已打开的三个程序窗口。

四、操作提示

1. 启动应用程序

（1）运行 DOS 程序方式：单击"开始"→"所有程序"→"附件"→"命令提示符"命令，打开"命令提示符"窗口。在该窗口中输入 DOS 程序的文件名，如 edit，运行编辑器程序，打开编辑器程序，如图 2-32 所示。

（2）启动程序菜单方式：单击"开始"→"所有程序"，选择要启动的程序名，如单击"开始"→"所有程序"→Microsoft Office→Microsoft Word 2010，则打开如图 2-33 所示的 Word 应用程序窗口。

（3）文档驱动方式：双击某应用程序生成的文档，如某个 Word 文件，则通过打开该文件而驱使 Word 应用程序被打开。

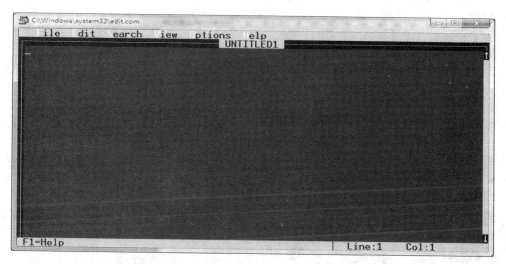

图 2-32　edit 程序窗口

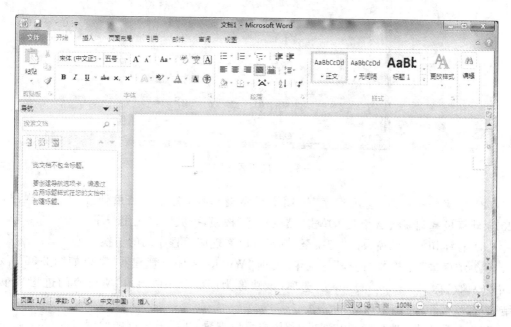

图 2-33　Word 应用程序窗口

2. 退出或关闭应用程序

关闭如图 2-33 所示的 Word 应用程序窗口。

（1）方法一：单击窗口右上角的"关闭"按钮。

（2）方法二：单击"文件"→"退出"命令。

注：Word 中的"文件"→"关闭"命令是关闭 Word 文档，不是退出 Word 应用程序。

（3）方法三：双击标题栏左侧的"窗口控制菜单"按钮。

（4）方法四：单击标题栏左侧的"窗口控制菜单"按钮，在弹出的下拉菜单中选择"关闭"。

（5）方法五：按组合键 Alt＋F4。

3. 使用 Windows 任务管理器

（1）打开任务管理器：按下组合键 Ctrl＋Alt＋Delete（或 Ctrl＋Shift＋Esc），弹出 "Windows 任务管理器"窗口，如图 2-34 所示。

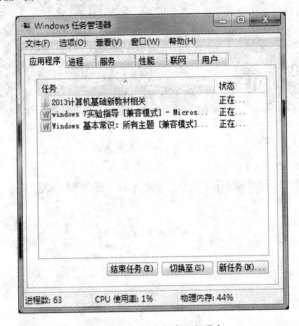

图 2-34 "应用程序"选项卡

（2）结束任务：在"应用程序"选项卡显示窗口中，选择欲结束任务的应用程序，如 "2013 计算机基础新教材相关"，单击"结束任务"按钮，可关闭该应用程序。

（3）程序切换：该窗口的"切换至"按钮可以实现应用程序间的切换。

（4）结束进程：选择"进程"选项卡，此时"Windows 任务管理器"窗口如图 2-35 所示，选中"映像名称"为 mspaint.exe 的选项（该映像为图 2-35 中"画图"所对应的进程），单击 "结束进程"按钮，可结束该应用程序。

（5）查看性能：选择"性能"选项卡，用户可以查看 CPU 及内存的使用状况。

4. 在桌面上为"画图"应用程序创建快捷方式

（1）打开 C 盘 Windows 文件夹中的 system32 文件夹。

（2）选中该文件夹中的 mspaint.exe 文件，在其上单击鼠标右键。

（3）在弹出的快捷菜单中选择"发送到"→"桌面快捷方式"即可。

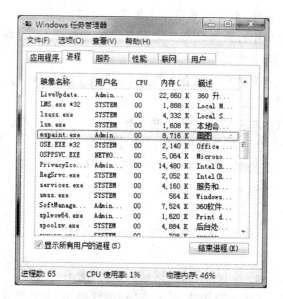

图 2-35 "进程"选项卡

实验 3 使用"计算机"及"资源管理器"进行文件管理

一、实验目的

(1) 学会使用"计算机"及"资源管理器"进行文件管理。

(2) 掌握 Windows 7 系统的文件管理功能。

二、实验说明

通过实验室中的计算机,掌握"计算机"和"资源管理器"两种方法的操作。

三、实验内容

(1) 从桌面上双击"计算机"图标,启动"计算机"。

(2) 在"计算机"窗口中查看系统盘(通常为 C 盘)中的内容,要求:

① 分别采用"大图标"、"列表"、"内容"和"详细资料"四种显示格式来查看内容(方法是在菜单栏上单击"查看"下拉菜单,从下拉菜单中选择一种显示方式,或者在工具栏上的"更改你的视图"按钮下拉列表中选择一种显示方式)。

② 改换排列顺序,先按"类型"后按"名称"来显示内容(方法是选择"查看"菜单中的"排序方式"菜单项,从其级联菜单中选择一种选项)。

(3) 进入系统文件夹(通常为 C:\Windows),查找"记事本"程序文件 Notepad.exe(或只显示 Notepad)。

(4) 查看"记事本"程序文件的属性。

（5）启动"记事本"程序（双击），然后退出该程序窗口。

（6）在"计算机"窗口中打开"库"文件夹下面的文档库，采用"详细资料"方式查看"自己的名字"文件夹中的内容。

（7）在"自己的名字"文件夹下建立如图 2-36 所示的文件夹结构。

（8）关闭"计算机"窗口。

（9）使用资源管理器对文件和文件夹进行管理。

① 在 D 盘根目录下建立一个名为"实验"的文件夹。

② 使用搜索工具，查找指定的文件，如 notepad 文件。

③ 完成文件的复制，将 notepad 文件复制到"实验"文件夹中。

④ 文件改名，将"d：\实验"文件夹中的 notepad 文件改名为 np。

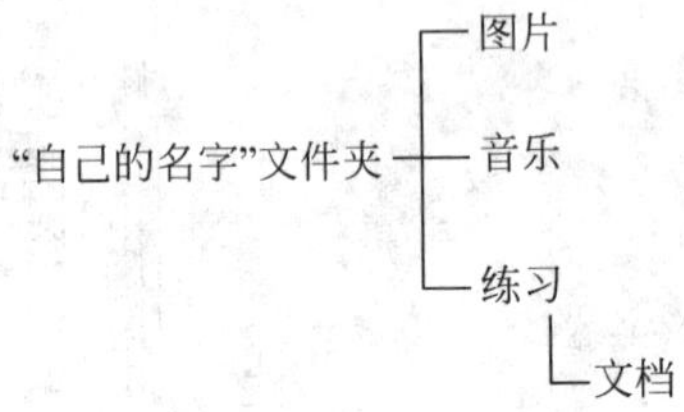

⑤ 改变文件的属性，将 notepad 文件的属性改为"隐藏、只读"。

⑥ 更改"d：\实验"文件夹的属性，使其在"资源管理器"中能够看到所有隐藏文件。

⑦ 在多人使用的计算机上，设置"d：\实验"文件夹为私人专用。

（10）掌握单个及多个文件的操作方法（使用资源管理器）。

① 建立"实验 1"和"实验 2"两个文件夹。

② 在"实验 1"文件夹中创建 t1、t2 和 t3 三个文本文档。

③ 复制 t1 文件到"实验 2"文件夹中。

④ 移动 t1、t2 和 t3 到"实验 2"文件夹中。

⑤ 一次删除"实验 2"文件夹中的所有文件。

图 2-36　文件夹结构

四、操作提示

1. 创建文件夹

在 D 盘（或自己的优盘）下建立如图 2-36 所示的文件夹结构。

注：操作时文件夹"自己的名字"应改为自己真实的名字，如"范爱萍"，并将以后需要或创建的文件都存放在该文件夹中，方便查找和管理。

（1）双击桌面上的"计算机"图标，在打开的"计算机"窗口中双击 D 盘（或 U 盘）。

（2）单击窗口工具栏中的"新建文件夹"按钮，新建一个文件夹并将其命名为"自己的名字"（如"范爱萍"），按 Enter 键。

（3）打开以"自己的名字"命名的文件夹，单击窗口工具栏中的"新建文件夹"按钮，新建一个文件夹并将其命名为"图片"，按 Enter 键。

（4）利用（3）中的方法（或者在空白处单击鼠标右键，在弹出的快捷菜单中选择"新建"→"文件夹"），创建名为"音乐"的文件夹。

（5）利用上述方法实现其他文件夹的创建，注意各文件夹之间的隶属关系。

2．创建文件

在"练习"文件夹下创建名为"键盘输入练习．txt"、"英文输入练习．txt"和"汉字输入练习．txt"的文本文件。

（1）打开"练习"文件夹。

（2）选择"文件"→"新建"→"文本文档"，创建一个名为"新建文本文档"的文本文件（或者可以通过快捷菜单来创建）。

（3）在该文件上单击鼠标右键，在弹出的快捷菜单中选择"重命名"，将该文件名修改为"键盘输入练习．txt"即可。

其他的文件的建立方法同上。

3．移动文件

将文件"键盘输入练习．txt"、"英文输入练习．txt"和"汉字输入练习．txt"移动到文件夹"文档"中。

（1）利用菜单操作：选中文件"键盘输入练习．txt"，选择"编辑"→"剪切"，然后再打开文件夹"文档"，选择"编辑"→"粘贴"即可。

（2）利用工具栏操作：选中文件"键盘输入练习．txt"，单击工具栏"组织"→"剪切"，然后再打开文件夹"文档"，单击工具栏"组织"→"粘贴"即可。

（3）利用快捷菜单操作：选中文件"键盘输入练习．txt"，在该文件上单击鼠标右键，在弹出的快捷菜单中选择"剪切"，然后再打开文件夹"文档"，在该文件夹中单击鼠标右键，在弹出的快捷菜单中选择"粘贴"即可。

（4）利用快捷键操作：选中文件"键盘输入练习．txt"，按下键盘上的快捷键 Ctrl＋X，然后再打开文件夹"文档"，按下键盘上的快捷键 Ctrl＋V 即可。

注：以上 4 种方法可归纳为通过"剪切"和"粘贴"的配合使用完成移动操作。

（5）利用鼠标左键操作：将文件"键盘输入练习．txt"所在文件夹和"文档"文件夹同时打开，选中文件"键盘输入练习．txt"，按住鼠标左键的同时按住键盘上的 Shift 键，拖动该文件到文件夹"文档"中即可。

（6）利用鼠标右键操作：将文件"键盘输入练习．txt"所在文件夹和"文档"文件夹同时打开，选中文件"键盘输入练习．txt"，按住鼠标右键拖动该文件到文件夹"文档"中放开右键，在弹出的快捷菜单中选择"移动到当前位置"即可。

注：以上（5）和（6）两种方法可归纳为通过鼠标拖动方式完成移动操作。

（7）利用"移动到文件夹"菜单项操作：选中文件"键盘输入练习．txt"，选择"编辑"→"移动到文件夹"选项，在打开的如图 2-37 所示的"移动项目"对话框中，选择目标文件夹"文档"，单击"移动"按钮即可。

注：以上 7 种方法均可实现文件或文件夹的移动操作，用户可根据自己的习惯选择。

（8）选择以上任意一种方法，将文件"英文输入练习．txt"和"汉字输入练习．txt"移动到"文档"文件夹中。

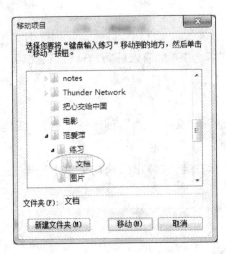

图 2-37　"移动项目"对话框

4．复制文件

将前面所创建的文件"阿拉伯数字.txt"和"生僻字.txt"复制到文件夹"文档"中。

（1）利用菜单操作：选中文件"阿拉伯数字.txt"，选择"编辑"→"复制"，然后再打开文件夹"文档"，选择"编辑"→"粘贴"即可。

（2）利用工具栏操作：选中文件"阿拉伯数字.txt"，单击"工具栏"→"复制"，然后再打开文件夹"文档"，单击工具栏"组织"→"粘贴"即可。

（3）利用快捷菜单操作：选中文件"阿拉伯数字.txt"，在该文件上单击鼠标右键，在弹出的快捷菜单中选择"复制"，然后再打开文件夹"文档"，在该文件夹中单击鼠标右键，在弹出的快捷菜单中选择"粘贴"即可。

（4）利用快捷键操作：选中文件"阿拉伯数字.txt"，按下键盘上的快捷键 Ctrl＋C，然后再打开文件夹"文档"，按下键盘上的快捷键 Ctrl＋V 即可。

注：以上 4 种方法可归纳为通过"复制"和"粘贴"的配合使用完成复制操作。

（5）利用鼠标左键操作：将文件"阿拉伯数字.txt"所在文件夹和"文档"文件夹同时打开，选中文件"阿拉伯数字.txt"，按住鼠标左键的同时按住键盘上的 Ctrl 键，拖动该文件到文件夹"文档"中即可。

（6）利用鼠标右键操作：将文件"阿拉伯数字.txt"所在文件夹和"文档"文件夹同时打开，选中"阿拉伯数字.txt"文件，按住鼠标右键拖动该文件到文件夹"文档"中放开右键，在弹出的快捷菜单中选择"复制到当前位置"即可。

注：以上（5）和（6）两种方法可归纳为通过鼠标拖动方式完成复制操作。

（7）利用"复制到文件夹"菜单项操作：选中文件"阿拉伯数字.txt"，选择"编辑"→"复制到文件夹"选项，在打开的"复制项目"对话框中，选择目标文件夹"文档"，单击"复制"按钮即可。

注：以上 7 种方法均可实现文件或文件夹的复制操作，用户可根据自己的习惯选择。

（8）选择任意一种方法，将文件"生僻字.txt"复制到"文档"文件夹中。

5. 删除文件

将文件夹"练习"中的文件"键盘输入练习.txt"删除。

（1）利用菜单操作：选定要删除的文件"键盘输入练习.txt"，选择"文件"→"删除"命令，在如图 2-38 所示的"删除文件"对话框中，单击"是"即可。

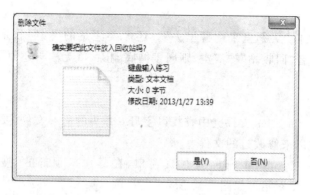

图 2-38 "删除文件"对话框

（2）利用工具栏操作：选定要删除的文件"键盘输入练习.txt"，单击工具栏"组织"→"删除"，在弹出的"删除文件"对话框中，单击"是"即可。

（3）利用快捷菜单操作：选定要删除的文件"键盘输入练习.txt"，在该文件上右击，在弹出的快捷菜单中选择"删除"，在弹出的"删除文件"对话框中，单击"是"即可。

（4）直接拖入"回收站"：选定要删除的文件"键盘输入练习.txt"在回收站图标可见的情况下，按住鼠标左键拖动该文件到"回收站"中即可。

（5）利用键盘操作：选定要删除的文件"键盘输入练习.txt"，按下键盘上的 Delete 键，在弹出的"删除文件"对话框中，单击"是"即可。

（6）彻底删除文件：选定要删除的文件"键盘输入练习.txt"，按下键盘组合键 Shift＋Delete，弹出如图 2-39 所示提示对话框。单击"是"按钮，即可将所选文件彻底删除。

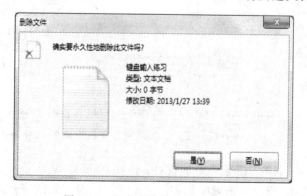

图 2-39 彻底删除信息提示对话框

注：该方法删除的文件没有放入"回收站"中，不能还原，故用此方法删除需慎重。

删除文件夹的操作与删除文件的操作方法相同，希望自己练习。

6."回收站"的使用

将从文件夹"练习"中删除的文件"键盘输入练习.txt"还原。

(1) 打开"回收站",选中被删除的文件"键盘输入练习.txt"。

(2) 选择菜单"文件"→"还原",则被删除的文件"键盘输入练习.txt"被还原到文件夹"练习"中。

注：被还原的文件"从哪里来到哪里去"。还需要注意的是"回收站"中的对象若被从"回收站"中删除,或者"回收站"被清空,则属于彻底删除,就无法再还原了。

7. 查找文件

在 C 盘的 Program Files 文件夹中查找以字母 e 开头的所有文件,要求该类文件大小在 1～16MB,且是今年以来修改过的文件。

(1) 打开 C 盘的 Program Files 文件夹窗口,在其窗口顶部的"搜索"文本框中输入 e＊.＊,则开始搜索,搜索结果如图 2-40 所示。

图 2-40　按 e＊.＊搜索的搜索结果

(2) 单击图 2-40 中的"搜索"文本框,在弹出的搜索筛选器中选择"大小"→"大(1～16MB)",如图 2-41 所示。搜索结果如图 2-42 所示,搜索到的符合条件的对象有 2 个。

(3) 单击图 2-42 的"搜索"文本框,在弹出的搜索筛选器中,选择"修改日期"→"很久以前",如图 2-43 所示。搜索结果如图 2-44 所示,搜索到的符合条件的对象由 26 个变为 23 个。

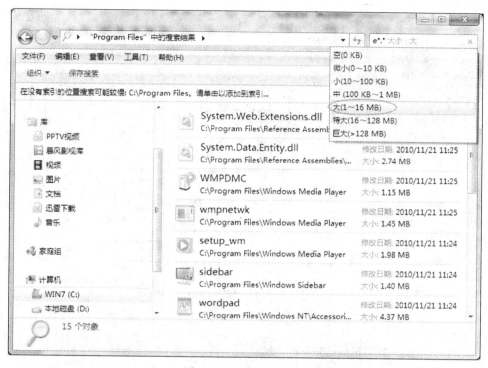

图 2-41 设置搜索大小

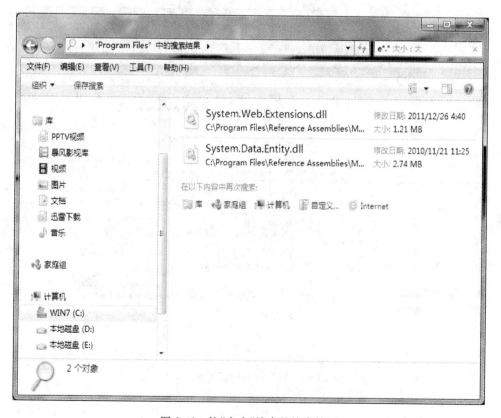

图 2-42 按"大小"搜索的搜索结果

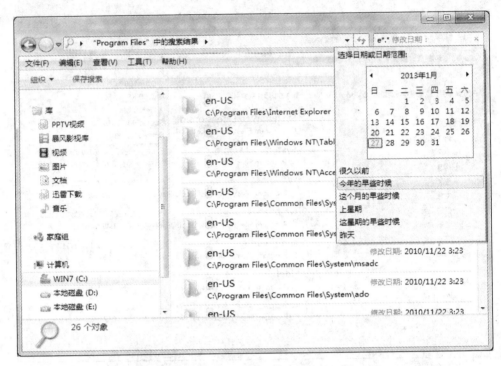

图 2-43　设置搜索日期

图 2-44　按"修改日期"搜索的结果

8．设置文件和文件夹的属性

将文件夹"练习"中的文件"键盘输入练习.txt"的属性设置为"只读"和"隐藏"。

（1）选定文件"键盘输入练习.txt"，在该文件上右击，在弹出的快捷菜单中选择"属性"，弹出该文件的"属性"设置对话框。

（2）在该对话框中选择"只读"和"隐藏"复选框，单击"确定"按钮即可，如图 2-45 所示。

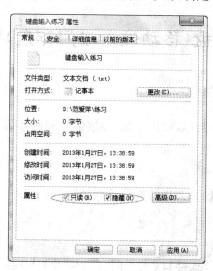

图 2-45 "属性"对话框

9．"文件夹选项"对话框的使用

将文件夹"练习"中隐藏的文件"键盘输入练习.txt"显示出来，且显示该文件的扩展名。

（1）打开"练习"文件夹，选择菜单"工具"→"文件夹选项"，在弹出的"文件夹选项"对话框中选择"查看"选项卡，如图 2-46 所示。

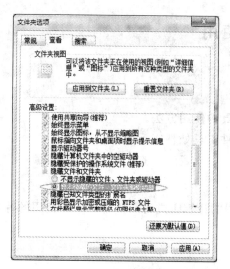

图 2-46 "文件夹选项"对话框

（2）在该对话框的"高级设置"区，选择"隐藏文件和文件夹"→"显示所有文件和文件夹"单选按钮，则隐藏的文件也会显示出来。

（3）在该对话框的"高级设置"区，将"隐藏已知文件类型的扩展名"复选框中的对号去掉，则将显示已知文件的扩展名。

（4）单击"确定"按钮，完成设置。

其他的请参照《计算机应用基础》一书的相关部分进行操作。

实验 4　可移动磁盘（移动硬盘或闪存盘）操作

一、实验目的

掌握可移动磁盘的基本操作，如格式化、存取信息和删除信息。

二、实验说明

需自己准备一个没有满的 USB 闪存盘或移动硬盘（主要是 U 盘）。

三、实验内容

（1）把移动硬盘接入 USB 接口（或把闪存盘接入 USB 接口），再按照《计算机应用基础》一书的介绍的方法对该盘进行格式化。

（2）启动资源管理器，在移动硬盘（或闪存盘）中创建名称为 TEMP 的文件夹。

（3）把系统文件夹下的"记事本"程序文件 Notepad. exe，复制到 TEMP 文件夹中。

（4）启动移动硬盘（或闪存盘）中的 Notepad 程序，进入"记事本"窗口后退出。

（5）删除移动硬盘（或闪存盘）中的 TEMP 文件夹。

（6）关闭资源管理器。

实验 5　附件的使用

一、实验目的

（1）掌握常用附件工具的使用方法。

（2）能够用相应的附件工具处理实际遇到的问题。

二、实验说明

在实验室中，对所使用的计算机进行一些常用附件使用的练习。

三、实验内容

（1）制作一个关于会议通知的便笺，并使用键盘快捷键格式化便笺中的文本。

（2）使用计算器计算表达式：$(20+5)×32/5.5$ 的值。

（3）使用计算器计算 21 到 25 这 5 个数的总和、平均值和总体标准偏差。

（4）使用画图工具绘制 ▲ 。

（5）安装一款非系统自带的输入法，如搜狗拼音输入法。

（6）用数学输入面板输入公式：$\dfrac{a+b}{x^2}$。

四、操作提示

1. 制作便笺

便笺具有备忘录和记事本的特点。用户可以使用便笺功能来记录任何可用便笺纸记录的内容，如用便笺来记录待办事宜、快速记下电话号地址等。

（1）单击"开始"→"所有程序"→"附件"→"便笺"命令，打开便笺应用程序，如图 2-47 所示。

（2）在"便笺"的空白区域输入要记录的内容，如图 2-48 所示。

院校名称：中南财经政法大学
邮政编码：430074

图 2-47　"便笺"应用程序 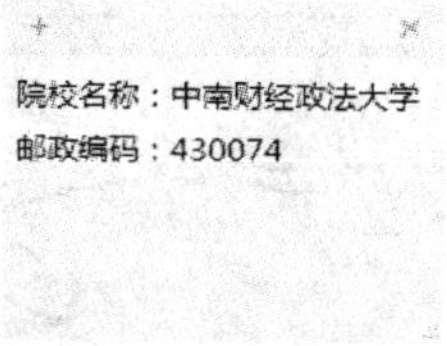　　图 2-48　制作好的便笺

（3）新建便笺：单击"便笺"上方的"＋"按钮可以新建便笺。

（4）删除便笺：单击"便笺"上方的"×"按钮，可以删除便笺，此时会弹出对话框，询问是否删除便笺，单击"是"即可。

（5）改变便笺颜色：在便笺上单击鼠标右键，在弹出的快捷菜单中可以选择相应的颜色来更改便笺颜色。

（6）改变便笺大小：在便笺的边或角上拖动，可改变便笺大小。

2. 使用数学输入面板制作公式：$x_{1,2}=\dfrac{-b}{2a}$

数学输入面板使用内置 Windows 7 的数学识别器来识别手写的数学表达式，然后将识别的数学表达式插入字处理程序或计算程序。

（1）单击"开始"→"所有程序"→"附件"→"数学输入面板"命令，打开数学输入面板应用程序，如图 2-49 所示。

（2）书写：在书写区域书写格式正确的数学表达式，识别的数学表达式会显示在上面的预览区域，如图 2-50 所示。

（3）更正：如果手写数学表达式被错误识别，则可以通过选择可选表达式来更正它。按下笔按钮，并围绕被错误识别的表达式部分画一个圆圈，则弹出更正列表，选择列表中的某个可选项；如果书写的内容不在可选项列表中，可重写选定的表达式部分。

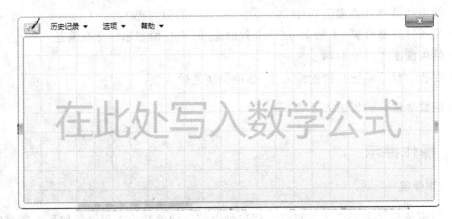

图 2-49　"数学输入面板"应用程序

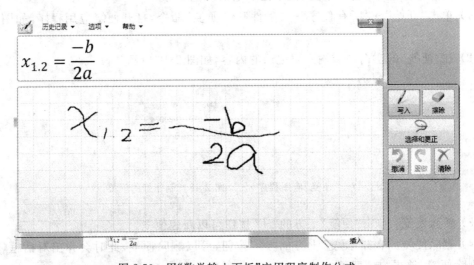

图 2-50　用"数学输入面板"应用程序制作公式

（4）使用"历史记录"菜单：通过"历史记录"菜单可以使用已经写入的表达式作为新表达式的基准。当需要在一行中多次写入类似的表达式时，这一功能非常有用。单击"历史记录"，然后单击要使用的表达式，则手写表达式将显示在书写区域，可以在其中进行更改。在进行更改之后，将再次识别该表达式。

（5）单击"插入"按钮，将识别的数学表达式插入字处理程序或计算程序。

注：数学输入面板只能将数学表达式插入支持数学标记语言（Math ML）的程序中。

实验6　Windows 7 系统工具的使用

一、实验目的

（1）掌握各种系统工具的使用方法。

（2）能够对系统实现简单的维护和优化。

二、实验说明

通过实验室中的计算机,掌握各种系统工具的使用方法。

三、实验内容

(1) 设置计划定期执行磁盘清理程序清理 D 盘。
(2) 选择一个文件夹进行备份。
(3) 还原以上备份的文件夹。
(4) 创建系统映像。
(5) 还原系统映像。

四、操作提示

1. 磁盘碎片整理程序的使用

(1) 执行"开始"→"所有程序"→"附件"→"系统工具"→"磁盘碎片整理程序"命令,打开如图 2-51 所示的"磁盘碎片整理程序"窗口。

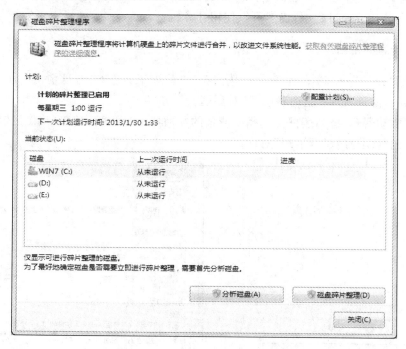

图 2-51　"磁盘碎片整理程序"窗口

(2) 选择需要进行磁盘碎片整理的驱动器,单击"分析磁盘"按钮,则开始系统碎片程度的分析,如果数字高于 10%,则应该对磁盘进行碎片整理。

(3) 单击"磁盘碎片整理"按钮,开始对选定驱动器进行碎片整理。

(4) 单击"配置计划"按钮,打开如图 2-52 所示的"磁盘碎片整理程序:修改计划"对话框,可进行磁盘碎片整理程序计划配置,制定计划定期运行磁盘清理。

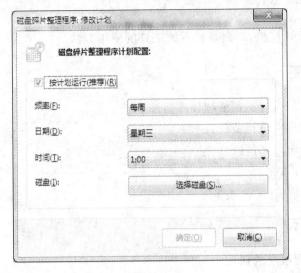

图 2-52　"磁盘碎片整理程序:修改计划"对话框

注:磁盘碎片整理程序可能需要几分钟到几小时才能完成,具体取决于硬盘碎片的大小和程度。在碎片整理过程中,仍然可以使用计算机。

2. 磁盘清理的使用

(1) 执行"开始"→"所有程序"→"附件"→"系统工具"→"磁盘清理"命令,打开如图 2-53 所示的"磁盘清理:驱动器选择"对话框。

(2) 在"驱动器"下拉列表框中选择要清理的驱动器(如 C 盘),单击"确定"按钮,打开如图 2-54 所示的"(C:)的磁盘清理"对话框。

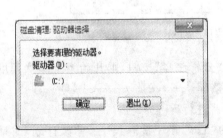

图 2-53　"磁盘清理:驱动器选择"对话框　　　　图 2-54　"(C:)的磁盘清理"对话框

（3）在该对话框中，在"要删除的文件"列表框中选择要删除的文件，程序会报告清理后可能释放的磁盘空间。

（4）单击"确定"按钮，删除选定的文件释放出相应的磁盘空间。

3. 备份文件

对于重要的数据文件应经常或定期备份，以免发生数据丢失或破坏而受到损失。此处以备份"我的文档"下的所有"数据文件"为例。

（1）执行"开始"→"所有程序"→"维护"→"备份和还原"命令，打开如图 2-55 所示的"备份和还原文件"窗口。

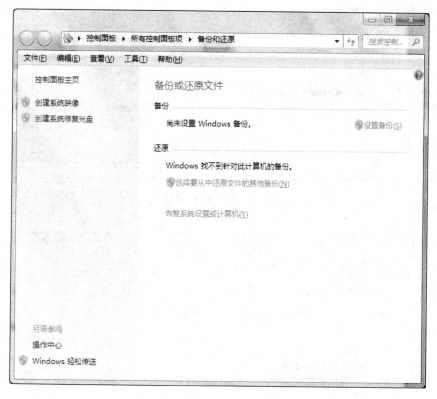

图 2-55 "备份和还原文件"窗口

（2）单击"设置备份"按钮，打开如图 2-56 所示的"设置备份"对话框，选择保存备份的位置后（建议将备份保存到外部硬盘上，此处选择 E），单击"下一步"按钮。

（3）在打开的对话框中，选择"让我选择"单选按钮，打开如图 2-57 所示的"设置备份"的选择备份内容对话框，选择要备份的所有"数据文件"。

（4）单击"下一步"按钮，打开如图 2-58 所示的"设置备份"的查看设置对话框，可以查看备份位置和备份内容。

（5）单击该窗口中的"更改计划"按钮，打开如图 2-59 所示的"设置备份"的设置计划对话框，可设置按计划运行备份。

（6）单击"确定"按钮，则开始备份，在如图 2-60 所示的窗口中可以看到备份进度。

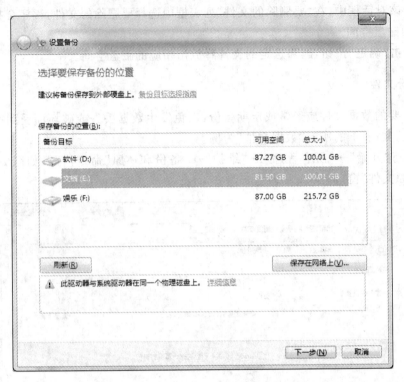

图 2-56　"设置备份"对话框

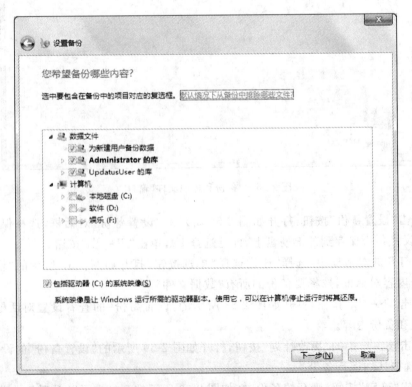

图 2-57　"设置备份"的选择备份内容对话框

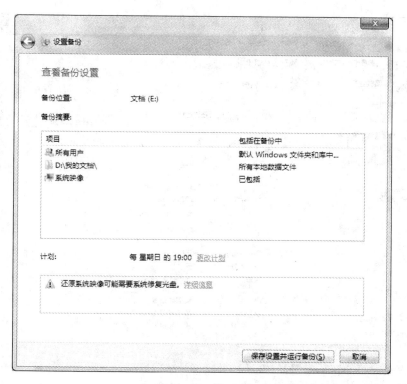

图 2-58　"设置备份"的查看设置对话框

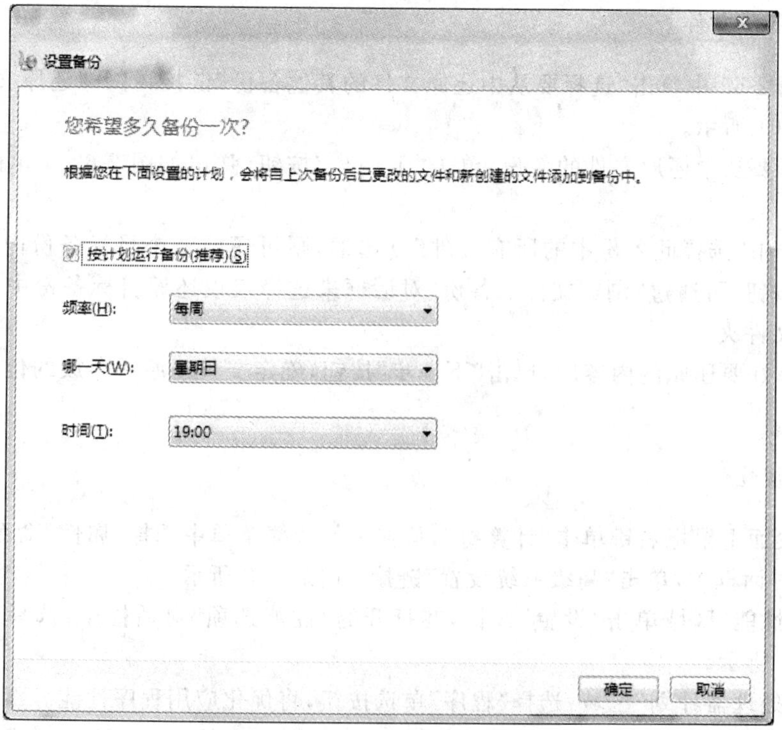

图 2-59　"设置备份"的设置计划对话框

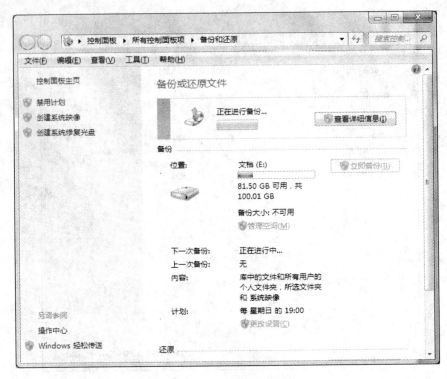

图 2-60　备份进度

4．还原备份文件

（1）在图 2-55 中单击"选择要从中还原文件的其他备份"链接，打开"还原文件"向导对话框，如图 2-61 所示。

（2）选择要从中还原文件的备份，单击"下一步"按钮，弹出如图 2-62 所示的下一步向导对话框。

（3）若选中"选择此备份中的所有文件"复选框，则可还原整个目标备份内容；若单击"浏览文件"按钮，可通过"浏览文件的备份"对话框来选择仅仅还原目标备份中的某个或某几个文件或文件夹。

（4）选择好要还原的内容后，单击"下一步"按钮，确定文件还原后存放的位置，单击"还原"按钮即可。

5．内存优化

（1）在桌面上鼠标右键单击"计算机"，从弹出的快捷菜单中选择"属性"命令，在打开的"系统属性"对话框中，单击"高级系统设置"链接，如图 2-63 所示。

（2）在"性能"区域单击"设置"按钮，在打开的"性能选项"对话框中，选择"高级"选项卡，如图 2-64 所示。

（3）在"处理器计划"区域，选择"程序"单选按钮，将优化应用程序性能。

（4）单击"虚拟内存"区域的"更改"按钮，打开如图 2-65 所示的"虚拟内存"对话框。

图 2-61 "还原文件"对话框之选择备份

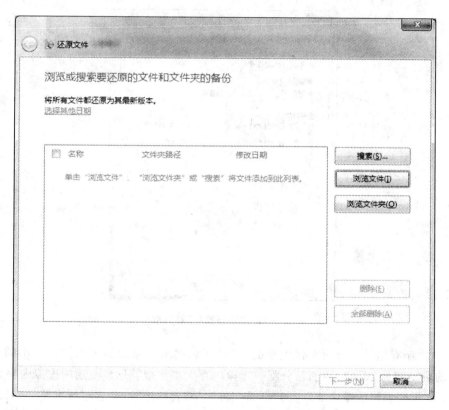

图 2-62 "还原文件"对话框之选择还原对象

图 2-63　"系统属性"对话框

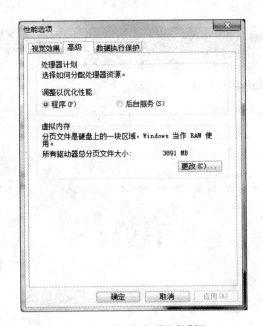

图 2-64　"性能选项"对话框

（5）在"所有驱动器分页文件大小的总数"区域提示了驱动器页面文件大小的总数,包括允许的最小值为 16MB,当前已分配的虚拟内存大小和推荐用户使用的虚拟内存大小。

（6）如果需要修改某个驱动器的页面文件大小,先单击"自动管理所有驱动器的分页文件大小"复选框,去掉其选项,然后在"驱动器"列表框中选择该驱动器,选择"自定义大小"单选按钮,在"初始大小"文本框中输入初始页面文件的大小。

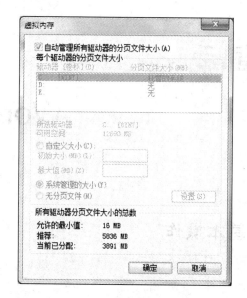

图 2-65　"虚拟内存"对话框

（7）在"最大值"文本框中输入所选驱动器页面文件的最大值，其值不得超过驱动器的可用空间，单击"设置"按钮。

（8）单击"确定"按钮返回到"性能选项"对话框，再单击"确定"按钮即可。

第3章

Word 2010

实验 1　窗口的基本操作

一、实验目的

(1) 初步认识 Word 2010。
(2) 掌握 Word 2010 的启动与退出。
(3) 学会调整 Word 2010 窗口的外观。

二、实验说明

Word 2010 是 Microsoft Office 系列办公组件之一,是目前办公自动化中最流行的一种文档处理软件。它能够建立、编排并打印出以文字为主,富含图形和数据表格的多种元素的文档,实现图文并茂的排版效果。

三、实验内容与步骤

1. Word 2010 的启动与退出

1) Word 2010 的启动方法

(1) 单击"开始"菜单,选择"所有程序",在其级联菜单中选择 Microsoft Office 菜单项,然后在 Microsoft Office 级联菜单中单击 Microsoft Word 2010 菜单项,则启动了 Word 2010 应用程序,出现如图 3-1 所示的窗口。

(2) 如果已经在桌面上创建了 Word 2010 快捷方式图标,则可直接双击该快捷图标进入 Word 2010 窗口。

(3) 如果在电脑上已经保存过 Word 2010 文档,也可以通过打开这类 Word 2010 文档来自动启动 Word 2010。

2) Word 2010 的退出方法

(1) 直接在 Word 2010 窗口左上角的"文件"选项卡弹出的菜单中单击"退出"命令。

(2) 直接在 Word 2010 窗口中单击标题栏最右侧的"关闭"按钮,可退出 Word 2010。

(3) 直接按下组合键 Alt+F4,则可退出 Word 2010。

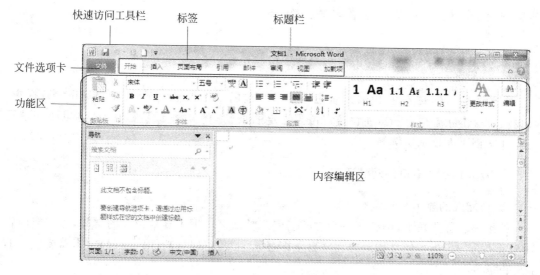

图 3-1　Word 2010 的工作界面

2. Word 2010 窗口的组成

启动 Word 2010 程序,图 3-1 为 Word 2010 的操作界面。打开的主窗口中包括"文件"选项卡、快速访问工具栏、标题栏、功能区、内容编辑区以及状态栏等部分。

1)"文件"选项卡

与 Office 2007 相比,Office 2010 界面最大的变化就是使用"文件"选项卡替代了原来位于程序窗口左上角的 Office 按钮。打开"文件"选项卡,用户能够获得与文件有关的操作选项,如"打开"、"另存为"或"打印"等。

2)快速访问工具栏

快速访问频繁使用的命令,如"保存"、"撤销"和"重复"等。在快速访问工具栏的右侧,可以通过单击下拉按钮,在弹出的菜单中选择 Office 已经定义好的命令,即可将选择的命令以按钮的形式添加到快速访问工具栏中。

3)标题栏

位于快速访问工具栏的右侧,在标题栏中从左至右依次显示了当前打开的文档名称、程序名称、窗口操作按钮("最小化"、"最大化"和"关闭"按钮)。

4)标签

单击相应的标签,可以切换到相应的选项卡,不同的选项卡提供了多种不同的操作设置选项。

5)功能区

在每个标签对应的选项卡中,按照具体功能将其中的命令进行更详细的分类,并划分到不同的组中。

6)编辑区

白色区域是 Word 窗口中最大的区域,用户可以在内容编辑区中输入文字、数值,插入图片、绘制图形、插入表格和图表,还可以设置页眉页脚的内容、设置页码等。通过对内容编辑区进行编辑，可以使 Word 文档丰富多彩。

　　7）滚动条

　　拖动滚动条可以浏览文档的整个页面的内容。

　　8）状态栏

　　位于主窗口的底部，可以通过状态栏了解当前的工作状态。例如，在 Word 状态栏中，可以通过单击状态栏上的按钮快速定位到指定的页、查看次数、设置语言，还可以改变视图方式和文档页面显示比例等。

3．Word 2010 窗口外观的调整

　　1）功能区的显示和隐藏

　　如果显示屏幕较小，当打开一个文档后发现功能区占据了屏幕很大的空间，而文档内容只显示了几行。为了使文档内容在屏幕上多显示一些，可以将功能区收起来，当需要使用的时候再展开。

　　操作方法：在 Word 程序的右上角，有一个"帮助"按钮，其左侧 ⌃ 的按钮便是最小化或展开功能区按钮，单击一下可以最小化功能区，此时按钮变成 ⌄ 状态，再单击它可以展开功能区。

　　2）使用导航显示文档结构

　　当制作了一篇长文档后，通过上下滚动条来浏览文档内容，比较费时费力，建议此时使用导航窗口。为了浏览方便，先将各级标题设置成相应的样式，然后这些标题就会显示在左侧的导航窗格中，好比制作了一个目录链接，只要单击左侧导航中的相应标题就可以定位到该标题正文内容。

　　操作方法：导航窗格属于界面上的视图类元素，打开"视图"选项卡，选中"显示"栏中的"导航窗格"复选框即可，效果如图 3-2 所示。

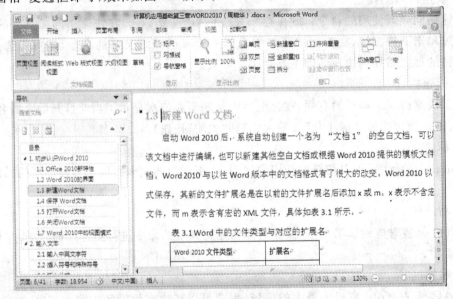

图 3-2　使用"导航"窗格效果

实验2 制作会议请柬

一、实验目的

（1）掌握文本的选定、复制、移动、删除、剪切和粘贴。

（2）掌握项目符号的使用。

（3）掌握文本和段落格式。

（4）在文档中插入图片元素。

（5）邮件合并的概念。

（6）使用邮件合并功能制作信函和信封。

二、实验说明

本实验将结合范文1对上述实验目的的相关内容加以练习。本实验首先利用 Word 2010 的文档编辑与修饰技术制作一个普通请柬，然后使用"邮件合并"功能将 Excel 中的客户数据合并到请柬中。

范文1

客户编号（）

尊敬的

今天，信息安全已经成为网络工作的最基本需求和重要问题。中国将在全国范围内建立国家信息安全保障体系，而信息安全要求的是技术与人才并重。

这是为什么我们要向您提供一系列的信息安全培训的目的。通过所有这些最新的教育、信息和工具，BTIC 希望可以帮助您更好地计划和实现信息安全的管理，消除您工作中潜在的信息安全危机，充分实现您的潜能！

在 2004 年 6 月至 8 月间，BTIC 将在全国各地举办一系列的以信息安全为主题的培训；培训涵盖构建信息安全的三个阶段：

第一阶段：桌面安全——补丁分发管理解决方案

第二阶段：信息系统架构安全

第三阶段：系统安全与管理

现在您就可以在 http：//www. BTIC. com/上获取相关资源信息，做好准备迎接更为安全的网络工作吧！

在此，我们诚挚邀请您前来参加本次活动，与我们一起分享成功经验！

时间：2004 年 6 月 17 日

地点：天津市水晶宫酒店第 2 会议厅

活动主题：安全培训基础部分讲座

日程安排：

13：00-14：00 注册

14：00-15：30 安全性基础知识

15:30-15:45 休息

15:45-16:45 实施安全修补程序管理

16:45-17:15 问题与回答

联系方式：李辉

三、实验内容与步骤

1. 依照"范文1"输入会议请柬的内容

1) 依照"范文1"录入文本

要制作一个会议请柬，首先需要在文档中输入会议请柬的内容。启动 Microsoft Office Word 2010 应用程序，在当前自动生成的文档中依照"范文1"输入会议请柬的具体内容。图3-3是初步输入完成的会议请柬文档。

2) 保存文档

(1) 在 E 盘根目录下创建一个名为"计算机实验2"的文件夹。

(2) 将文档取名为 Example1.docx，并保存在"计算机实验2"文件夹中。

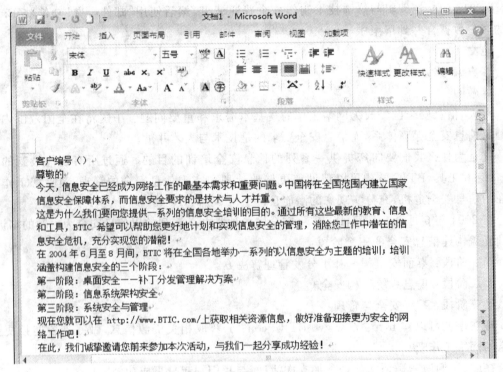

图3-3　输入会议请柬的内容

2. 依照"范文2"编辑和修改文档

1) 插入图片制作标题

会议请柬的标题一定要醒目，因此插入一张图片来突出显示。具体操作步骤如下：

(1) 打开 Example1.docx 文档。

（2）把光标定位到文档的第一行。

（3）切换到功能区"插入"选项，单击"插图"选项组中的"图片"命令，打开"插入图片"对话框。

（4）在"文件名"文本框中选定标题图片，如图 3-4 所示。

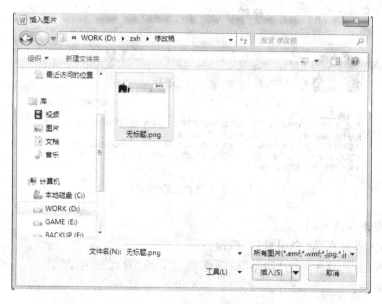

图 3-4　选定标题图片

（5）单击"插入"按钮，将图片插入到文档中，效果如图 3-5 所示。

图 3-5　插入标题图片后效果

2）对文字进行格式设置

标题设置好了，下面就对文字进行格式的设置，具体操作步骤如下：

（1）选定 Example1.docx 文档中要设置文字格式的内容，即"客户编号（）"。

（2）在"开始"选项中单击"字体"选项组中的命令，实现"宋体"和"小五"的设置。

（3）在"开始"选项中单击"段落"选项组中的"右对齐"命令。

（4）选定 Example1.docx 文档中要设置文字格式的内容，即"尊敬的"。

（5）在"开始"选项中单击"字体"选项组中的命令，实现"宋体"、"五号"和"加粗"。

（6）单击"下划线"命令，按空格键，绘制出一条直线，效果如图 3-6 所示。

图 3-6　文字格式设置效果

3）合理安排段落布局

（1）把插入点放在"客户编号（）"后面。

（2）在"开始"选项中单击"段落"选项组的右下角"对话框启动"按钮，打开"段落"对话框，如图 3-7 所示。

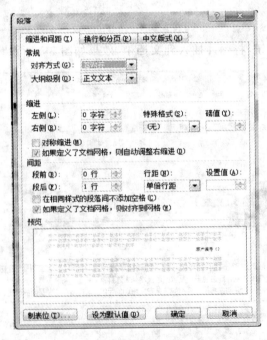

图 3-7　"段落"对话框

（3）在"段落"对话框中实现段后为"1 行"、行距为"单倍行距"的设置，如图 3-7 所示。

（4）选中正文中的前 3 段。

（5）在"开始"选项中单击"段落"选项组的右下角"对话框启动"按钮，打开"段落"对话框。

（6）将“段落”对话框中的“特殊格式”设置为“首行缩进”。至此，文字设置效果如图 3-8 所示。

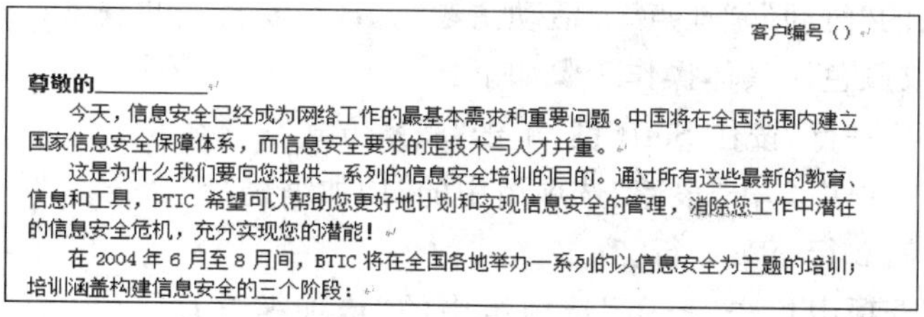
客户编号（）

尊敬的__________

今天，信息安全已经成为网络工作的最基本需求和重要问题。中国将在全国范围内建立国家信息安全保障体系，而信息安全要求的是技术与人才并重。

这是为什么我们要向您提供一系列的信息安全培训的目的。通过所有这些最新的教育、信息和工具，BTIC 希望可以帮助您更好地计划和实现信息安全的管理，消除您工作中潜在的信息安全危机，充分实现您的潜能！

在 2004 年 6 月至 8 月间，BTIC 将在全国各地举办一系列的以信息安全为主题的培训；培训涵盖构建信息安全的三个阶段：

图 3-8 “段落”设置效果

4）添加项目符号

（1）选中需要添加项目符号的内容。

（2）在“开始”选项中单击“段落”选项组中的“项目符号”命令右侧向下箭头。

（3）再选择一种项目符号库的格式 。

（4）为了使项目符号更加突出，可以增加其缩进量，单击“段落”选项组中的“增加缩进量”命令即可。设置效果如图 3-9 所示。

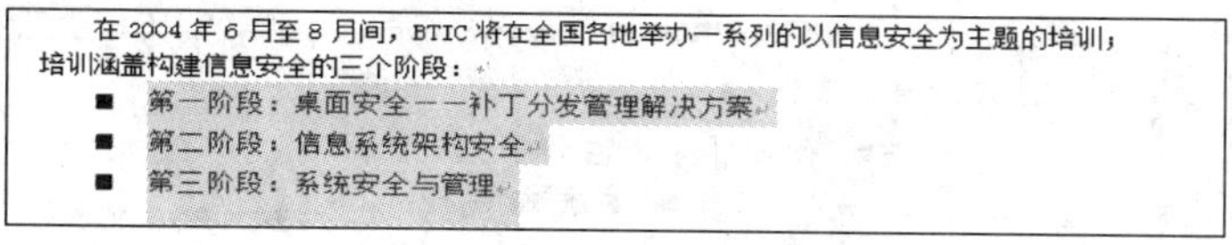
在 2004 年 6 月至 8 月间，BTIC 将在全国各地举办一系列的以信息安全为主题的培训；培训涵盖构建信息安全的三个阶段：

- 第一阶段：桌面安全——补丁分发管理解决方案
- 第二阶段：信息系统架构安全
- 第三阶段：系统安全与管理

图 3-9 “项目符号”设置效果

5）使用格式刷更改格式

如果在文档中有重复的格式需要设置，可以使用“格式刷”，具体操作步骤如下：

（1）先把光标定位到已有格式的段落中。

（2）切换到功能区“开始”选项卡，在“剪贴板”选项组中单击“格式刷”命令，此时光标形状变成一把刷子 。

（3）在需要刷新格式的段落上单击鼠标左键，即可复制段落格式，效果如图 3-10 所示。

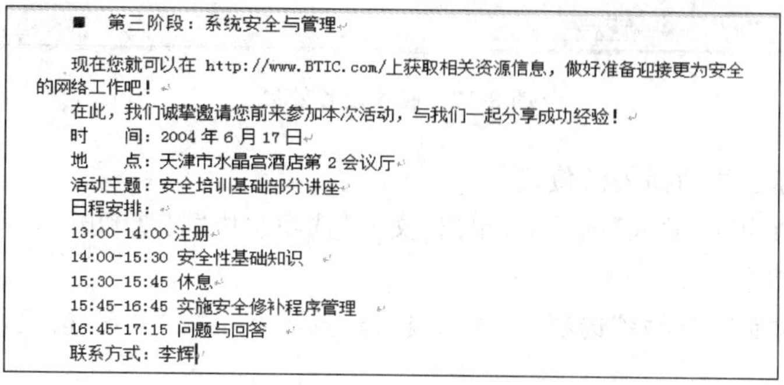
- 第三阶段：系统安全与管理

现在您就可以在 http://www.BTIC.com/上获取相关资源信息，做好准备迎接更为安全的网络工作吧！

在此，我们诚挚邀请您前来参加本次活动，与我们一起分享成功经验！

时　　间：2004 年 6 月 17 日

地　　点：天津市水晶宫酒店第 2 会议厅

活动主题：安全培训基础部分讲座

日程安排：

13:00-14:00 注册

14:00-15:30 安全性基础知识

15:30-15:45 休息

15:45-16:45 实施安全修补程序管理

16:45-17:15 问题与回答

联系方式：李辉

图 3-10 使用格式刷设置段落格式效果

提示：在(2)中双击"格式刷"命令，可连续多次使用格式刷，再单击"格式刷"命令可释放格式刷。

6）添加底纹效果

为了突出会议的"时间"、"地点"、"活动主题"、"日程安排"和"联系方式"等内容，可以将其缩进，并添加底纹颜色。具体操作步骤如下：

(1) 选中"时间"一行，按住 Shift 键，单击"联系方式"一行。

(2) 在"开始"选项中单击"段落"选项组中的"增加缩进量"命令。

(3) 选中倒数第 2 行至第 6 行。

(4) 在"开始"选项中单击"段落"选项组中的"增加缩进量"按钮。

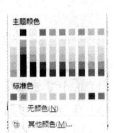

(5) 选中要添加底纹的文字。

(6) 在"开始"选项中单击"段落"选项组中的"底纹"按钮，弹出如图 3-11 所示界面。

(7) 单击标准色中的"绿色"，设置效果如图 3-12 所示。

7）插入日期完成请柬制作

一封完整的信函必须包含落款和日期，添加落款和日期的操作步骤如下。

图 3-11　底纹设置

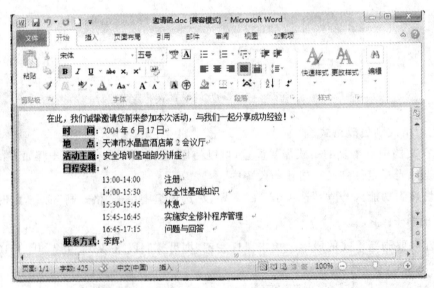

图 3-12　底纹设置效果

(1) 先把光标定位到插入的位置。

(2) 切换到功能区"插入"选项卡，单击"文本"选项组中"日期和时间"按钮，自动将当天的日期插入到文档中。

(3) 切换到功能区"开始"选项卡，单击"段落"选项组中"右对齐"按钮，使插入的日期位于文档的右侧。

3．邮件合并

本例制作的请柬，若要一封一封的填写，比较费时费力，因此使用提供的"邮件合并"功能是最好的选择。它可以将一份制作好的请柬与已经在 Excel 中保存的包含有客户信息的数据源结合起来，这样让客户在请柬上只看到自己的个性化称呼和姓名。

本例中，首先在"计算机实验 2"文件夹中建立一个文件名为"通讯录"的 Excel 工作表，里面保存的是公司的客户资料，如图 3-13 所示。

图 3-13　保存在 Excel 工作表中的客户资料

下面的工作就是利用"邮件合并"功能，将工作表中的相应数据读取出来，并自动添加到请柬文档中，"邮件合并"分三步完成。

1）在主文档中打开数据源

首先在主文档中打开数据源文件，使二者联系起来。具体操作步骤如下：

（1）打开"计算机实验 2"文件夹下的 Example1.docx 主文档。

（2）切换到功能区"邮件"选项卡，单击"开始邮件合并"选项组中的"选择收件人"按钮，出现如图 3-14 所示的列表。

图 3-14　"选择收件人"列表

（3）在列表中单击"使用现有列表"命令，启动"选取数据源"对话框。

（4）在"选取数据源"对话框的"文件名"文本框中定义好 Excel 数据源文件，如图 3-15 所示。

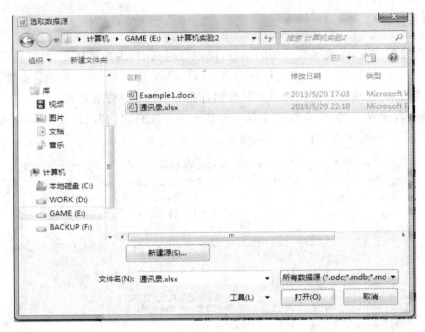

图 3-15　"选取数据源"对话框

（5）单击"打开"按钮，弹出"选择表格"对话框，选择客户资料所在的 Excel 工作表，如图 3-16 所示。

图 3-16　"选择表格"对话框

（6）单击"确定"按钮后就打开了数据源文件，此时"编辑收件人列表"按钮变为可用。

2）插入合并域

数据源添加成功后，接着就要在主文档中添加邮件合并域了。所谓的合并域就是指数据源中会变化的一些信息，插入合并域就是把数据源中的信息添加到主文档中，如本例中将数据源中的"编号"和"姓名"信息添加到主文档中。具体操作步骤如下：

（1）将光标定位到文档"编号（）"中需要添加合并域的位置处。

（2）切换到功能区"邮件"选项卡，单击"编写和插入域"选项组中的"插入合并域"，出现如图 3-17 所示的列表。

图 3-17　"插入合并域"列表

（3）选择"编号"。

（4）重复（1）、（2）和（3）操作，将"姓名"添加到文档相应位置。主文档插入域的效果如图 3-18 所示。

图 3-18 插入"编号"和"姓名"域后的效果

（5）将光标定位到文档中"《姓名》"结束处。

（6）切换到功能区"邮件"选项卡，单击"编写和插入域"选项组中的"规则"，出现"规则"列表，如图 3-19 所示。

（7）单击"如果…那么…否则（I）…"，在对话框中进行如图 3-20 所示的操作。

（8）单击"确定"按钮，在主文档中插入"性别"域，效果如图 3-21 所示。

这样，在主文档和数据源文件之间就建立起了数据的链接。

3）合并数据源与主文档

最后一步：合并操作，为每个客户创建一个独立邀请函。操作步骤如下：

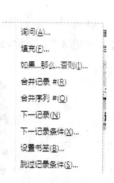

图 3-19 "规则"列表

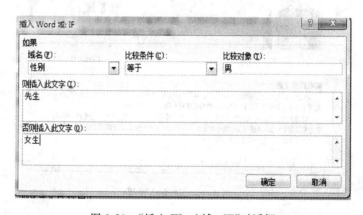

图 3-20 "插入 Word 域：IF"对话框

尊敬的 《姓名》 先生

图 3-21 插入"性别"域后的效果

（1）切换到"邮件"选项卡，单击"完成"选项组中"完成并合并"按钮，出现如图 3-22 所示的下拉列表。

(2) 单击"编辑单个文档"命令,弹出"合并到新文档"对话框。

(3) 在其中选择合并记录的范围,如选中"全部"单选项,表示对所有记录进行合并操作,如图 3-23 所示。

图 3-22　"完成并合并"列表　　　图 3-23　"合并到新文档"对话框

(4) 单击"确定"按钮后即可生成一个新的文档"信函 1",其中显示了各个客户邀请函的效果,如图 3-24 所示,最后就可以将它保存并打印出来了。

图 3-24　邀请函效果

实验 3　表格制作

一、实验目的

(1) 掌握表格的建立和单元格内容的输入。

(2) 掌握表格的编辑和格式化。

（3）掌握表格排序和对表格数据进行计算。

（4）掌握表格和边框工具栏的使用方法。

二、实验说明

根据本实验的内容，要求编制出与"范文2"相同的表格，并以 Example2.docx 文件名保存。

范文2

成绩审核单

学号	成绩 姓名	所修课程					
		网络原理	C++语言	大学英语	高等数学	概率统计	总分
01093101	李丽	85	82	87	92	78	424
01093102	何敏	82	88	90	80	80	420
01093103	高新华	75	89	85	77	90	416
01093104	陈浩	90	87	85	92	95	449
01093105	张聪	88	80	84	85	92	429
领导审核签字							
日　　期				年　　月　　日			

三、实验内容与步骤

1．表格的创建

1）自动创建表格

（1）切换到功能区中的"插入"选项卡，在"表格"选项组中选择"表格"命令，弹出如图 3-25 所示的菜单。

（2）用鼠标在任意表格中拖动，以选择表格的行数和列数，同时在任意表格的上方显示相应的行列数。

（3）选定所需的行列数后，释放鼠标，即可得到所需行数和列数的空白表格，同时功能区出现"表格工具"选项卡。

2）手动创建表格

手动创建表格，可以准确地输入表格的行数和列数，还可以根据实际需要调整表格的列宽。具体操作步骤如下。

（1）切换到功能区中的"插入"选项卡，在"表格"选项组中选择"表格"命令，弹出如图 3-25 所示的快捷菜单。

（2）选择"插入表格"命令，打开如图 3-26 所示的"插入表格"对话框。

（3）在列数和行数文本框中输入要创建的表格包含的列数和行数，单击"确定"按钮，即可得到所需的空白表格。

图 3-25　插入"表格"

图 3-26 "插入表格"对话框

2. 表格的编辑和格式化

1) 行或列的添加

如果表格所需的行数或列数不够,可以随时进行增加。操作步骤如下:

(1) 将插入点定位到与要插入的行或列相邻的单元格。

(2) 切换到功能区的"布局"页中,单击"行和列"选项组,如图 3-27 所示。

(3) 根据需要选择相应的命令实现行或列的添加。

图 3-27 插入"行或列"

2) 单元格的合并

(1) 选定表格中将要合并的单元格。

(2) 切换到功能区的"布局"页中,选择"合并"选项组中的"合并单元格" 合并单元格 命令。

3) 边框的设置

(1) 选中表格。

(2) 切换到功能区的"设计"页中,单击"表格样式"选项组中的"边框"按钮,弹出快捷菜单,如图 3-28 所示。

4) 手工绘制表格

在 Word 2010 中,可以使用鼠标任意绘制表格,甚至可以绘制斜线。操作步骤如下。

(1) 选定表格。

(2) 切换到功能区的"设计"页中,选择"绘图边框"选项组中的"绘制表格"命令,鼠标变成笔形。

(3) 按住鼠标左键拖动,在需要绘制斜线的单元格中画线。

图 3-28 设置"边框"

3. 表格数据的排序与计算

在空白表格中输入数据之后,需要对表格的数据进行排序和计算操作。

1) 表格数据的计算

(1) 将光标定位到计算结果所要填写的单元格里。

(2) 切换到功能区的"布局"页中,选择"数据"选项组中的"公式"命令。

(3) 在"公式"对话框中,输入＝sum(above),如图 3-29 所示。

(4) 单击"确定"按钮。

图 3-29 "公式"对话框

2) 表格数据的排序

(1) 选定要排序的所有行。

(2) 切换到功能区的"布局"页中,选择"数据"选项组中的"排序"命令。

(3) 在"排序"对话框中设置相关内容,如主要关键字的选择、次要关键字的选择、升序或降序的选择等,如图 3-30 所示。

(4) 单击"确定"按钮。

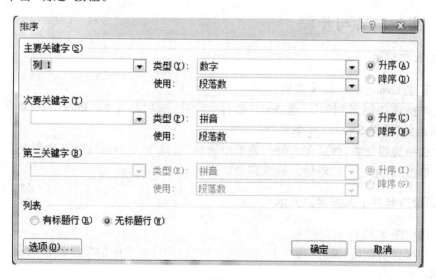

图 3-30 "排序"对话框

实验4　制作开业庆典图

一、实验目的

(1) 掌握 SmartArt 图形的使用。
(2) 学会图文混排。

二、实验说明

本节将通过制作一个典型实例-制作公司开业庆典的流程图,来巩固 SmartArt 图形的知识。根据本实验的内容,要求编制出如图 3-31 所示效果的流程图,并以 Example3.docx 文件名保存。

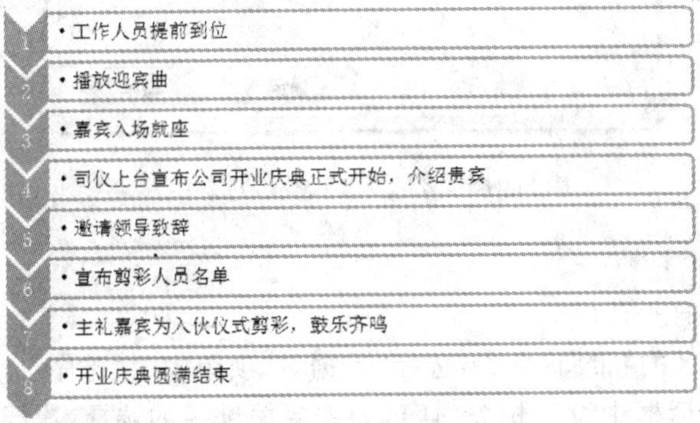

图 3-31　开业庆典图

三、实验内容与步骤

1. 加入流程图

(1) 创建 Example3.docx 文档。

(2) 切换到功能区"插入"选项卡,选择"插图"选项组中的 SmartArt 命令,打开如图 3-32所示的"选择 SmartArt 图形"对话框。

(3) 选择流程分类,然后在右侧列表框中选择"垂直 V 形列表"选项,如图 3-32 所示。

(4) 单击"确定"按钮,新插入的流程图如图 3-33 所示。

2. 添加形状并输入流程图文本

(1) 选中图 3-33 所示的图形。

(2) 切换到功能区"设计"选项卡,选择"创建图形"选项组中的"添加"形状命令,根据需要插入多个形状。

(3) 输入数字 1,然后在形状中输入对应文字,其他操作类似。

(4) 为了使流程图更加美观,还可以利用"SmartArt 工具设计"选项卡的"SmartArt 样

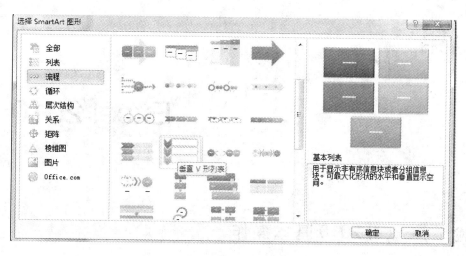

图 3-32 "选择 SmartArt 图形"对话框

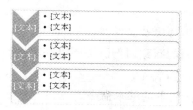

图 3-33 插入的流程图效果

式"选项组中的命令,来快速美化流程图,如图 3-34 所示。

图 3-34 "SmartArt 样式"选项组

(5)或者选定形状,利用"SmartArt 工具格式"选项卡的"形状样式"选项组的命令,来更改形状的显示效果,如图 3-35 所示。

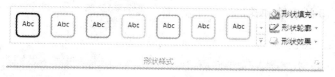

图 3-35 "形状样式"选项组

第4章

Excel 2010

实验 1　Excel 2010 基本操作

一、实验目的

(1) 熟悉 Excel 2010 编辑环境及操作。

(2) 掌握 Excel 2010 文档的新建、打开、关闭等基本操作。

(3) 识别 Excel 2010 窗口构成元素。

(4) 掌握"文件"选项卡按钮下的基本命令。

(5) 熟练掌握"快速访问工具栏"操作。

(6) 熟练掌握工作簿和工作表的基本操作。

二、实验说明

通过此实验掌握或认识 Excel 2010 的基本结构,熟练掌握创建、打开、保存、关闭文档等操作;熟练掌握工作表的创建、重命名、插入、删除、冻结、拆分等相关操作。

实验报告中应该保存实验中的主要操作界面及实验结果的截图和相关说明,鼓励实现多种操作结果。

三、实验步骤

1. Excel 2010 的启动和退出

1) 启动 Excel 2010

* 从 Windows"开始"菜单启动。

* 使用桌面快捷方式。

* 双击已创建的 Excel 文档。

2) 退出 Excel 2010

* 通过标题栏按钮关闭。

* 通过"文件"选项卡关闭。

* 通过标题栏右键快捷菜单关闭。

- 使用快捷键关闭。

2．认识 Excel 2010 的窗口界面

认识 Excel 2010 窗口的工作界面：标题栏、快速访问工具栏、"文件"按钮、功能区、数据区、编辑栏、工作表标签等。

3．认识"文件"选项卡按钮

- 命令按钮：保存、另存为、打开和关闭按钮。
- 信息：工作簿的属性、日期、文档路径等信息的显示。
- 最近使用文件：显示最近使用过的工作簿的信息，并快速打开工作簿文件。
- 新建：创建一个新的工作簿。
- 打印：设置表格的打印份数、边距、纸张大小等。
- 保存并发送：设置保存方式（如 Web 方式）；更改文件保存的类型，直接保存为 PDF 文件类型，并将保存的文件作为附件，以电子邮件发送出去。
- 选项：设置 Excel 2010 的多种工作方式和使用习惯。

4．认识"快速访问工具栏"

认识 Excel 2010 标题栏左上角的"快速访问工具栏"。

使用默认的"保存"命令按钮 ▦ 、"撤销键入"命令按钮 ↺ 、"重复键入"命令按钮 ↻ 。单击快速工具栏右侧的下拉命令按钮 ▾ ，"自定义快速工具栏"快捷菜单。

5．工作簿和工作表的操作

1）新建工作簿

使用多种方法新建一个工作簿。

- 启动 Excel 2010 程序，创建一个空白的工作簿。
- 在启动了 Excel 2010 后单击"文件"选项卡按钮 文件 ，创建工作簿。

2）保存工作簿

- 单击"保存"命令按钮 ▦ 。
- 选择"文件"选项卡下的"保存"命令。
- 选择"文件"选项卡下的"另存为"命令。
- 使用键盘上的 Ctrl＋S 组合键进行保存。

3）选定工作表

- 单个工作表的选择。
- 多个连续工作表的选择。
- 多个不连续工作表的选择。
- 全部工作表的选择。

4）隐藏或显示工作表

5）重命名工作表标签及设定工作表标签颜色

- 重命名工作表标签。

- 设定工作表标签颜色。
6）插入或删除工作表
- 插入工作表。
- 删除工作表。
7）移动或复制工作表
8）冻结窗格
9）拆分窗格

实验 2　Excel 2010 工作表的行、列、单元格和区域操作

一、实验目的

(1) 理解单元格引用的概念和方法。
(2) 熟练掌握 Excel 2010 工作表行列的插入、删除、移动、复制、粘贴等基本操作。
(3) 掌握工作表行列大小的调整。
(4) 掌握行列的隐藏和取消隐藏操作。

二、实验说明

通过此实验掌握或认识 Excel 2010 的行、列、单元格的概念和引用方法，熟练掌握行、列、单元格的基本操作。

实验报告中应该保存实验中的主要操作界面及实验结果的截图和相关的说明，鼓励实现多种操作结果。

三、实验步骤

1. 掌握工作表中单元格的引用格式

- 外部引用。
- 相对引用。
- 绝对引用。
- 混合引用。
- 区域引用。

2. 工作表行列操作

- 选择行、列、区域、单元格。
- 插入行或列或单元格或区域。
- 删除行或列或单元格或区域。
- 移动行或列或单元格或区域。
- 复制行或列或单元格或区域。

按照图 4-1 所示,完成复制和粘贴操作。

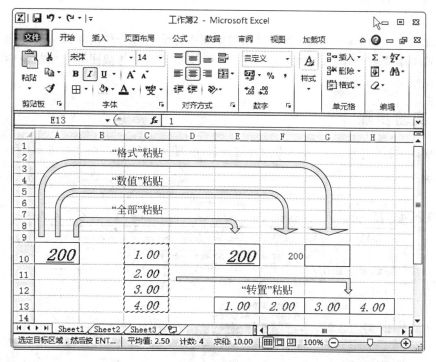

图 4-1 "选择性粘贴"效果

- "全部"粘贴。
- "数值"粘贴。
- "格式"粘贴。
- "批注"粘贴(只粘贴批注)。
- "转置"粘贴。

3. 调整行高列宽

4. 隐藏行列或取消隐藏行列

实验3 Excel 2010 工作表数据的输入

一、实验目的

(1) 熟练掌握 Excel 2010 工作表手动输入数据的基本操作。

(2) 熟练掌握 Excel 2010 工作表自动填充系列数据的基本操作。

(3) 熟练掌握 Excel 2010 工作表自定义序列数据填充的基本操作。

(4) 熟练掌握 Excel 2010 工作表插入、编辑或删除批注的基本操作。

二、实验说明

通过此实验掌握 Excel 2010 各种数据类型的不同输入方法和基本操作。

实验报告中应该保存实验中的主要操作界面及实验结果的截图和相关的说明,鼓励实现多种操作结果。

三、实验步骤

手动输入数据、输入文本、输入数值、输入日期、输入时间。按图 4-2 所示,手动输入要求的各数据。

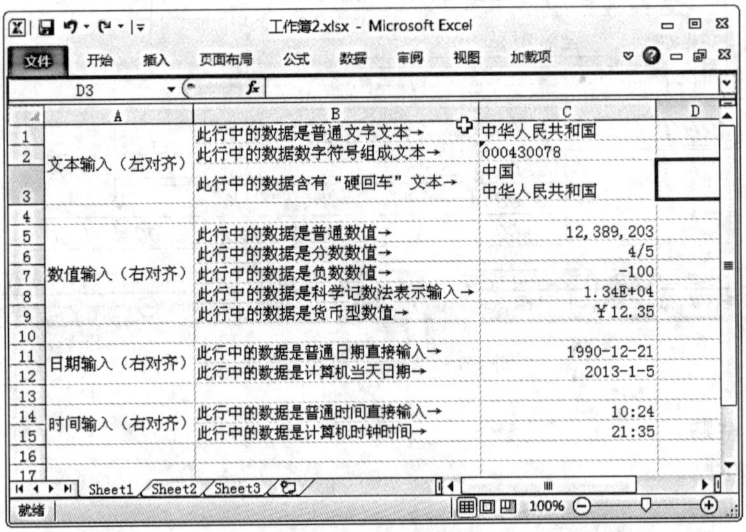

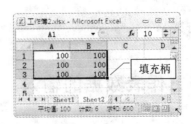

图 4-2   多种数据类型的手动输入

1. 自动填充系列数据(图 4-3)

图 4-3   自动填充

2. 输入连续递增或递减数据(图 4-4)

实现序列星期一、星期二、星期三、……

实现序列 A1、A2、A3、……

实现序列"序号 1"、"序号 2"、"序号 3"、……

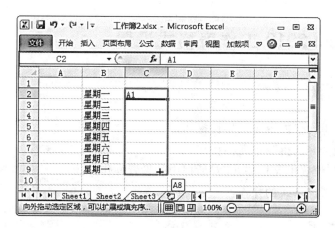

图 4-4　实现序列数据填充

3．自定义序列数据填充（图 4-5）

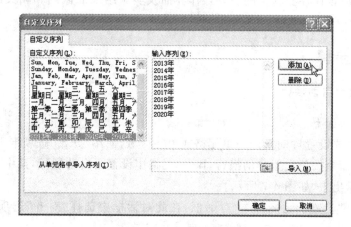

图 4-5　自定义序列输入

4．插入、编辑或删除批注（图 4-6）

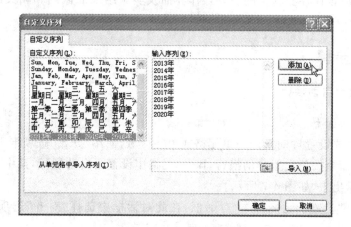

图 4-6　输入或编辑"批注"

实验 4　Excel 2010 工作表格式设置

一、实验目的

(1) 熟练掌握单元格内容自动换行操作。

(2) 熟练掌握合并和拆分单元格操作。

(3) 熟练掌握"设置单元格格式"对话框中的设置操作。

(4) 熟练掌握条件格式的操作。

二、实验说明

通过此实验掌握 Excel 2010 各种数据格式的操作。

实验报告中应该保存实验中的主要操作界面及实验结果的截图和相关的说明,鼓励实现多种操作结果。

三、实验步骤

1. 单元格内容自动换行

具体操作方法如下。

方法 1:选中要设置自动换行的单元格或单元区域,使用"开始"选项卡下"对齐方式"组中的"自动换行"命令按钮设置自动换行,B5 单元格中设置了自动换行,其中的"中华人民共和国"分两行显示出来,如图 4-7 所示。

方法 2:打开"设置单元格格式"对话框,在此对话框中选择"对齐"选项卡,在"文本控制"下方勾选"自动换行"复选框按钮 ☑ ,如图 4-8 所示。

2. 合并、拆分单元格

合并单元格是将一个连续区域的多个单元格合并为一个单元格。拆分单元格则是将原来合并为一体的大单元格恢复成原来的多个小单元格。

3. "设置单元格格式"对话框中的设置

* 设置数据格式。
* 设置字体、字形、字号、颜色等。
* 设置对齐方式。
* 设置边框和表格线。
* 设置填充色。

4. 设置条件格式

如图 4-9 所示,对于"总成绩"满足大于等于"90"时,显示设置为"加粗倾斜"和"加删除

图 4-7 "开始"选项下的"自动换行"

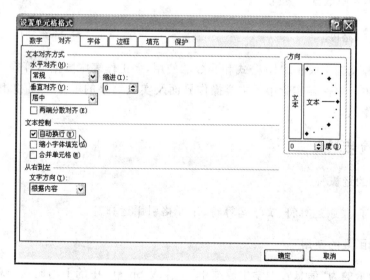

图 4-8 "设置单元格格式"对话框中的"对齐"

线",且成绩在 90 及以上的成绩加图标🔵,小于 90 的成绩加图标🔵。

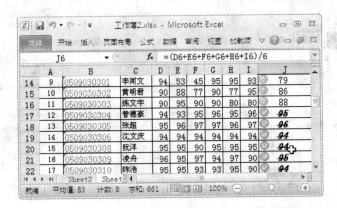

图 4-9 显示设置中加入了"删除线""图集"的设置

实验 5 Excel 2010 公式和函数

一、实验目的

(1) 熟练掌握公式中的运算符。
(2) 掌握公式和函数的使用。
(3) 多工作表中数据运算操作。

二、实验说明

通过此实验掌握 Excel 2010 公式和函数的使用,多工作表中数据运算操作。

实验报告中应该保存实验中的主要操作界面及实验结果的屏幕截图和相关的说明,鼓励实现多种操作结果。

三、实验步骤

1．公式中的运算符

算术运算符、关系运算符、文本运算符、单元格引用运算符。

2．公式和函数的使用

图 4-10 所示的为"信息管理学生成绩单"工作表 Sheet4 中的平均成绩和总分。

对图 4-10 所示的"信息管理学生成绩单"中"平均成绩"右侧增加一"合格否"栏目,该栏目的值与"平均成绩"的值有关,平均成绩大于等于 60 时,"合格否"栏目中的值为"合格";平均成绩小于 60 时,"合格否"栏目中的值为"不合格"(文本参数"合格"和"不合格"两边的双引号是英文半角标点符号)。

提示:完成此操作使用的是条件函数 IF。

信息管理学生成绩单

序号	学号	姓名	成绩1	成绩2	成绩3	成绩4	成绩5	平均成绩	合格否	总分
1	0409010108	徐宇一	87	90	56	23	96	70.4	合格	
2	0409010132	熊伟	87	90	90	92	96	91.0	合格	
3	0409010133	周健	45	67	56	56	45	53.8	不合格	
4	0409010134	左唯政	86	90	92	54	95	83.4	合格	
5	0409010138	熊奇	87	92	93	76	95	88.6	合格	
6	0409030109	王江宇	46	44	66	55	76	57.4	不合格	
7	0409030420	薛浩	96	96	94	76	77	87.8	合格	

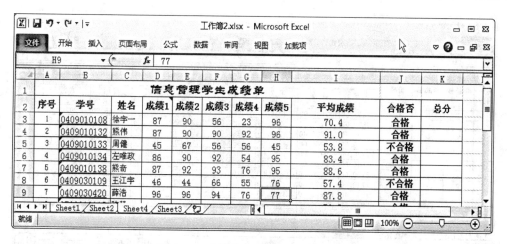

图 4-10 成绩单中“合格否”计算结果

3. 多工作表中数据运算

创建商品价格表，如图 4-11 所示，它由商品号、商品名和价格三个项目构成，存储在一个名为“价格”的工作表中。

创建此商品在每个城市中的销售量工作表，如图 4-12 所示。“销量”工作表由商品号、商品名和地区销售量三个部分构成，其中地区销售量是由若干个地区的具体销售量组成。

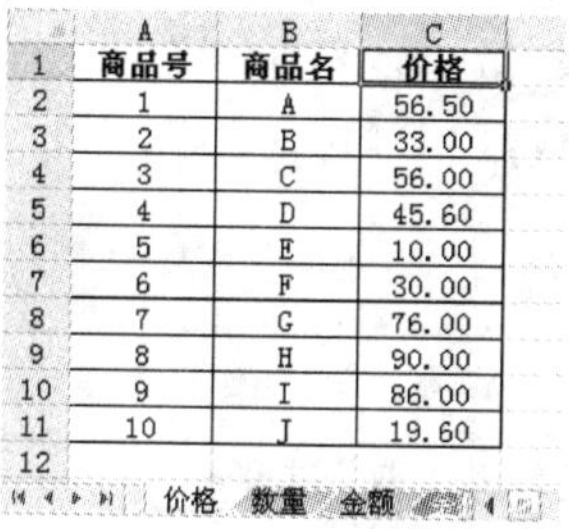

商品号	商品名	价格
1	A	56.50
2	B	33.00
3	C	56.00
4	D	45.60
5	E	10.00
6	F	30.00
7	G	76.00
8	H	90.00
9	I	86.00
10	J	19.60

图 4-11 “价格”工作表

商品号	商品名	地区销售量						
		北京	上海	武汉	广州	天津	重庆	沈阳
1	A	45	67	56	92	45	90	34
2	B	86	90	92	93	95	92	65
3	C	87	92	93	94	95	92	76
4	D	46	44	93	94	32	95	48
5	E	96	96	94	95	77	90	90
6	F	93	93	65	94	54	93	56
7	G	94	53	45	95	95	93	88
8	H	90	88	77	90	77	95	87
9	I	90	95	90	90	80	80	56
10	J	94	93	95	96	95	96	88

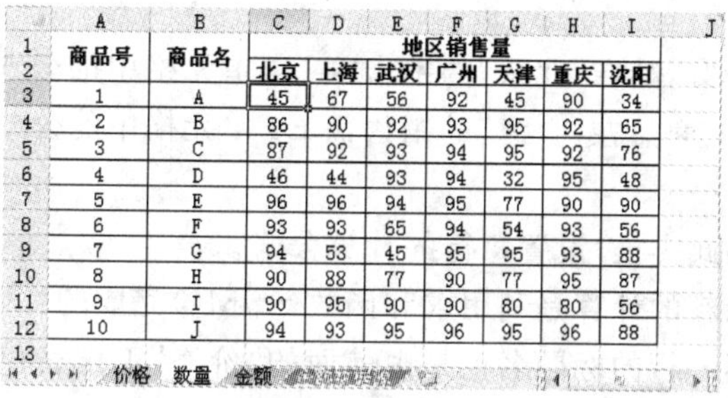

图 4-12 “销量”工作表

“价格”工作表和“销量”工作表中有部分数据是同步的。“价格”工作表中的“商品号”和“商品名”栏目中的数据是原始的数据，手动输入；而“销量”工作表中的“商品号”和“商品名”栏目中的数据不是手动输入的，是来源于“价格”工作表中对应栏目中的数据。

在商品销售中还有第三个工作表，即“金额”工作表，此表根据“价格”工作表和“销量”工作表中的数据计算各地区和各商品的销售金额，如图 4-13 所示。

“价格”工作表中“商品号”的数据来源于“价格”工作表的“商品号”。

“价格”工作表中地区名“北京”、“上海”、“武汉”等来源于“销量”工作表中的地区名。

在“金额”工作表中，计算金额的价格值来自于“价格”表中的价格值，计算金额的数量值来自于“销量”表，每个地区同一种商品的销售价格都来自于同一个价格值。

同一行中各地区的销售金额计算时绝对引用第 C 列的值。绝对引用 C 列，相对引用 3 行，两者组合为混合引用。

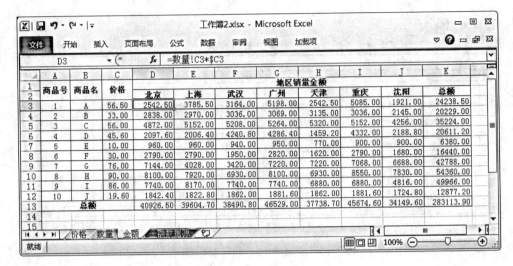

图 4-13 "金额"工作表

"金额"工作表中的同一行上各地区的销售金额计算中使用的数量值来自于"销量"工作表中。

某种商品在每个城市的销售额＝该城市该商品销售量×该商品的价格。

"A"商品在"北京"的销售额 D3 单元格中的公式为："＝数量!C3＊\$C3"

"A"商品在"上海"的销售额 E3 单元格中的公式为："＝数量!D3＊\$C3"

……

"B"商品在"北京"的销售额 D4 单元格中的公式为："＝数量!C4＊\$C4"

"B"商品在"上海"的销售额 E4 单元格中的公式为："＝数量!D4＊\$C4"

……

以此类推,设置每行的计算公式。

总额的计算是利用求和函数 SUM()完成的:

第一行的标题名也是由前面的"价格"工作表和"数量"工作表"取"过来的。

实验 6　Excel 2010 图表

一、实验目的

(1) 了解 Excel 提供的 11 种图表类型。

(2) 认识 Excel 图表结构。

(3) 熟练掌握创建基本图表。

(4) 熟练掌握添加各种图表元素。

(5) 熟练掌握更改图表类型和布局。

(6) 熟练掌握移动图表和调整图表大小。

二、实验说明

通过此实验掌握 Excel 2010 图表结构、创建基本图表、添加各种图表元素、更改图表类型和布局、移动图表和调整图表大小的操作。

实验报告中应该保存实验中的主要操作界面及实验结果的屏幕截图和相关的说明,鼓励实现多种操作结果。

三、实验步骤

1. 了解 Excel 图表结构

图表元素构成如图 4-14 所示。构成元素主要是标题、数值轴和分类轴、图例、绘图区及图表区。

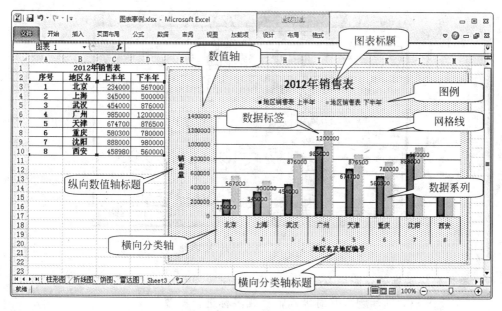

图 4-14 Excel 图表结构

2. 创建基本图表

选中准备创建图表的数据区域 A1:D10,如图 4-15 所示。

打开相应图表类型的列表,如图 4-16 所示,选择"柱形图"图表类型列表,再选择"簇状柱形图"选项,如图 4-17 所示。

3. 添加图表元素

在创建的基本图表上添加多个图表元素。这些图表元素的添加都是在图表的"布局"选项卡下"标签"组中的命令选项中完成的。

- 添加图表标题:使用"图表标题"命令选项添加图表标题并对标题名称进行修改。

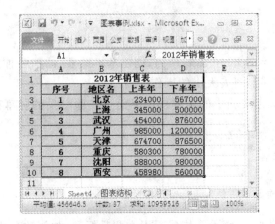

图 4-15　要创建图表的数据区 A1:D10

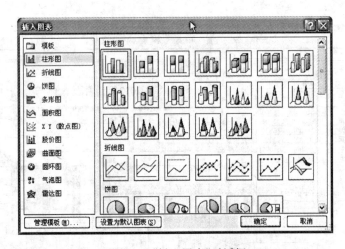

图 4-16　"插入图表"对话框

- 添加坐标轴标题：使用"坐标轴标题"命令选项菜单，设置"主要横坐标轴标题"和"主要纵坐标轴标题"，并对坐标轴标题名称进行修改。
- 调整图例：设置图例放置的位置。选择"在顶部显示图例"命令设置图表的图例。
- 添加数据标签：设置"数据标签"的命令选项，设置"数据标签"放置的位置，选择"数据标签外"命令。

最终实现的结果如图 4-18 所示。

4．更改图表类型

调整或更改新的图表类型为饼图。

5．更改图表布局

实现图表布局要打开"图表布局"命令菜单，如图 4-19 所示。设置图表为"布局 5"，如图 4-20 所示。

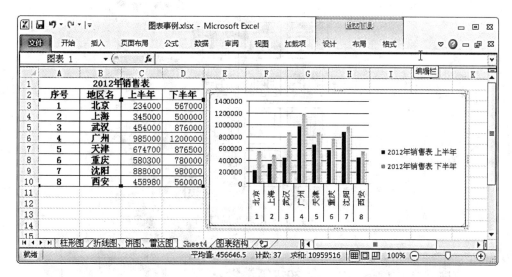

图 4-17 "簇状柱形图"图表

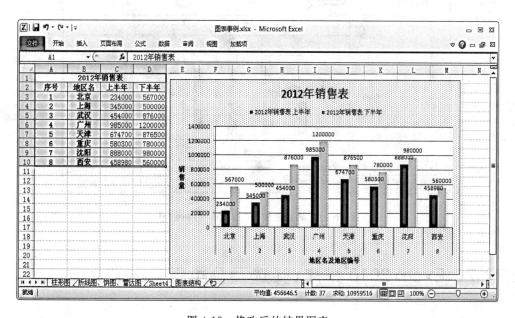

图 4-18 修改后的结果图表

6. 移动和调整图表大小

选择工作表中的图表。将鼠标移到图表的边框位置,当鼠标指针变为形状时,拖动图表到新的位置。

单击工作表图表,通过图表的边框上显示的 8 个尺寸控点调整图表的大小。

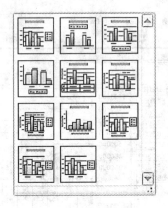

图 4-19　"图表布局"菜单

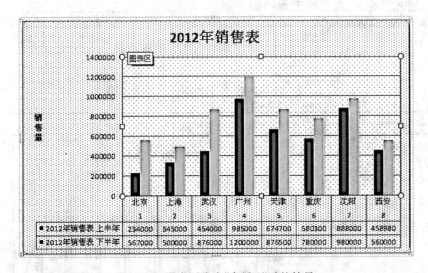

图 4-20　图表更改为"布局 5"后的结果

实验 7　Excel 2010 排序、筛选及分类汇总

一、实验目的

(1) 熟练掌握数据排序操作。

(2) 熟练掌握数据筛选操作。

(3) 熟练掌握分类汇总操作。

二、实验说明

通过此实验掌握 Excel 2010 数据分析中的数据排序、筛选和数据汇总的相关操作。

实验报告中应该保存实验中的主要操作界面及实验结果的截图和相关的说明,鼓励实现多种操作结果。

三、实验步骤

1. 数据排序

1）单列排序

选择图 4-21 要排序的数据所在的列“班级”。

单击功能区的“数据”选项卡里的“排序和筛选”组中的“降序”。

序号	学号	姓名	班级	成绩1	成绩2	成绩3	成绩4	成绩5	成绩6	总成绩
1	0509010118	陈慧	信管01	93	93	65	94	54	93	82
3	0509030302	黄明君	信管01	90	88	77	90	77	95	86
8	0509030308	阮洋	信管01	95	95	90	95	95	95	94
20	0509030320	马骏	信管01	88	96	98	96	96	95	95
23	0509030323	杨维	信管01	90	95	95	95	92	95	94
33	0509030335	喻晨	信管01	90	92	92	89	90	90	91
4	0509030303	练文宇	信管02	90	95	90	90	80	80	88
6	0509030305	张超	信管02	95	96	97	97	96	97	96
9	0509030309	凌舟	信管02	96	95	97	94	97	90	95
11	0509030311	卢洋	信管02	95	95	95	95	95	93	95
18	0509030318	刘先旺	信管02	95	95	95	95	95	93	95
27	0509030328	耿婷婷	信管02	89	95	90	95	87	87	91
34	0509030336	何舒卉	信管02	93	94	93	92	94	93	93
37	0509030340	石晓峰	信管02	95	95	95	94	95	95	95
39	0509030342	裘倩倩	信管02	95	92	95	91	90	93	93
40	0509030343	王敏	信管02	92	92	92	92	92	92	92
12	0509030312	何智	信管03	95	95	95	95	95	95	95

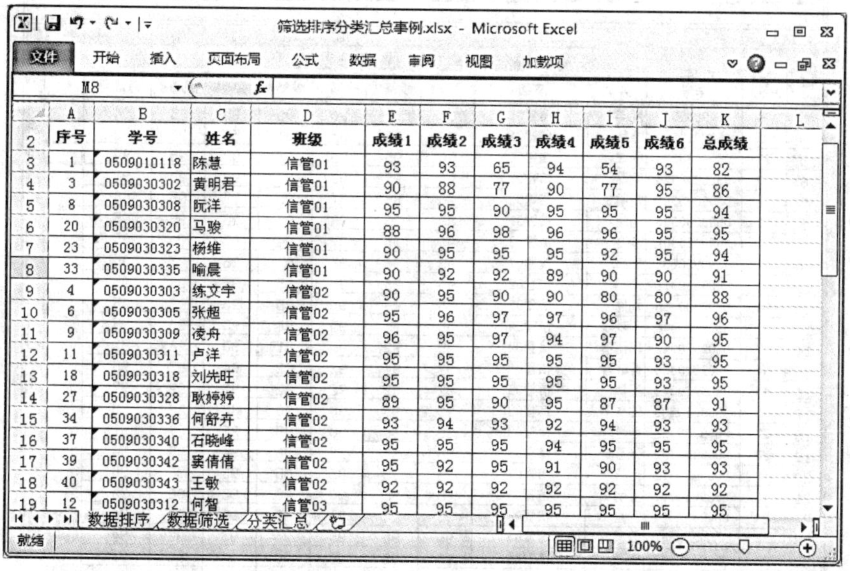

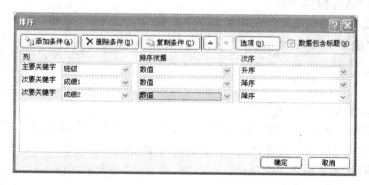

图 4-21 一个数据列表

2）多列排序

对学生成绩表中首先按“班级”列进行排序，然后按“成绩 1”排序；如果“成绩 1”相同，再按“成绩 2”排序。

实现多列排序的操作如下：

(1) 在“数据”选项卡的“排序和筛选”组中单击“排序”命令按钮，打开“排序”对话框，如图 4-22 所示。

图 4-22 多列排序时“排序”对话框的设置

(2) 在“列”下的“排序依据”框中选择要排序的列。

(3) 在“排序依据”下选择排序类型为“数值”。

(4) 在“次序”下选择排序方式。“班级”按“升序”排列,“成绩 1”和“成绩 2”按“降序”排列。

图 4-23 所示的是排序后的结果。

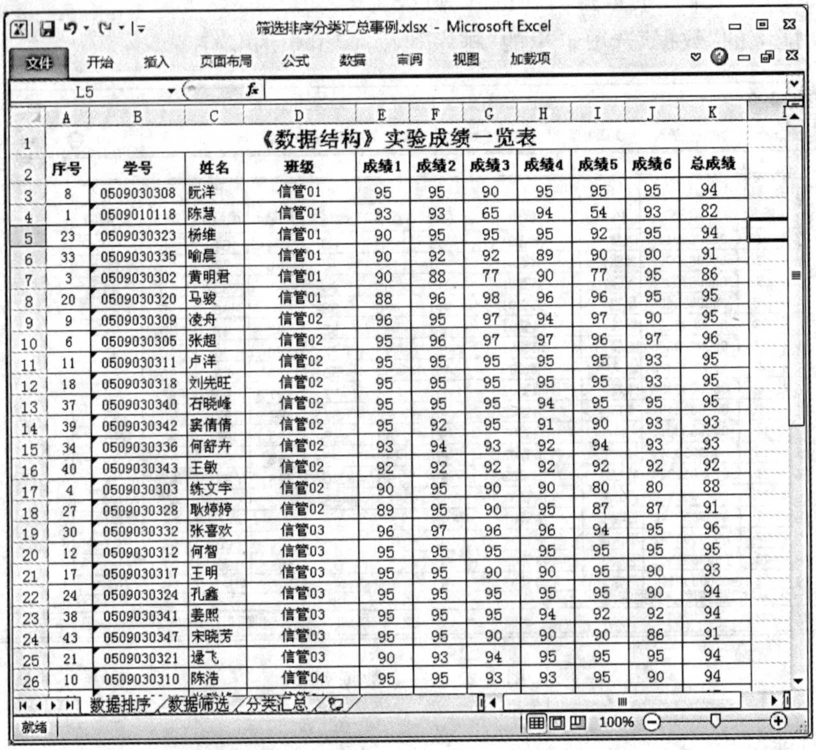

《数据结构》实验成绩一览表										
序号	学号	姓名	班级	成绩1	成绩2	成绩3	成绩4	成绩5	成绩6	总成绩
8	0509030308	阮洋	信管01	95	95	90	95	95	95	94
1	0509010118	陈慧	信管01	93	93	65	94	54	93	82
23	0509030323	杨维	信管01	90	95	95	95	92	95	94
33	0509030335	喻晨	信管01	90	92	92	89	90	90	91
3	0509030302	黄明君	信管01	90	88	77	90	77	95	86
20	0509030320	马骏	信管01	88	96	98	96	96	95	95
9	0509030309	凌舟	信管02	96	95	97	94	97	90	95
6	0509030305	张超	信管02	95	96	97	97	96	97	96
11	0509030311	卢洋	信管02	95	95	95	95	95	93	95
18	0509030318	刘先旺	信管02	95	95	95	95	95	93	95
37	0509030340	石晓峰	信管02	95	95	95	94	95	95	95
39	0509030342	宾倩倩	信管02	95	92	95	91	90	93	93
34	0509030336	何舒卉	信管02	93	94	93	92	94	93	93
40	0509030343	王敏	信管02	92	92	92	92	92	92	92
4	0509030303	练文宇	信管02	90	95	90	90	80	80	88
27	0509030328	耿婷婷	信管02	89	95	90	95	87	87	91
30	0509030332	张喜欢	信管03	96	97	96	96	94	95	96
12	0509030312	何智	信管03	95	95	95	95	95	95	95
17	0509030317	王明	信管03	95	95	90	90	95	90	93
24	0509030324	孔鑫	信管03	95	95	95	95	95	90	94
38	0509030341	姜熙	信管03	95	95	95	94	92	92	94
43	0509030347	宋晓芳	信管03	95	95	90	90	90	86	91
21	0509030321	逯飞	信管03	90	93	94	95	95	95	94
10	0509030310	陈浩	信管04	95	95	93	93	95	90	94

图 4-23 按“班级”“成绩 1”“成绩 2”排序结果

2. 数据筛选

1) 自动筛选

实现自动筛选的操作如下:

(1) 打开要自动筛选的工作簿中的某个工作表。

(2) 单击“成绩 1”标题右侧的筛选按钮,在筛选器选择列表中勾选 90 复选框。如图 4-24 所示。

2) 自定义筛选

实现自定义筛选的操作如下:

(1) 对“成绩 1”在筛选器的“数字筛选”中选择“大于或等于”,如图 4-25 所示。

(2) 在弹出的对话框中再选择“大于或等于”的具体值为 95,如图 4-26 所示。

在“数字筛选”菜单中有多个选择项可选择,再选择“高于平均值”进行筛选。

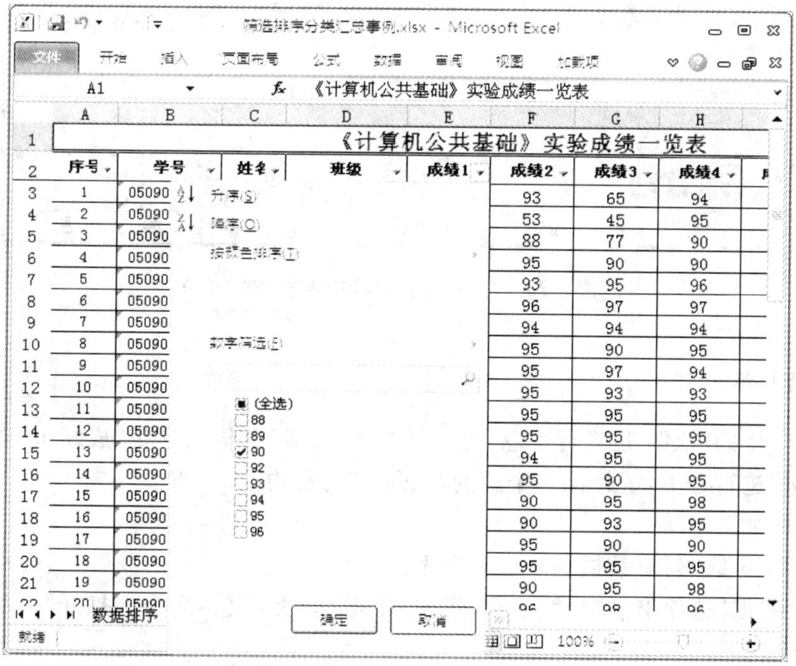

图 4-24 筛选器界面

图 4-25 "筛选器"中"数字筛选"菜单

图 4-26　"自定义自动筛选方式"对话框

3. 分类汇总

对各班学生的"成绩1"进行汇总,也就是统计"班级"相同的学生"成绩1"的总成绩。

按"班级"进行分类,统计同一个班的"成绩1"的平均值。

操作步骤如下:

(1) 先按"班级"列对数据列表进行排序。

(2) 在"数据"选项卡的"分级显示"组中,单击"分类汇总"命令。打开"分类汇总"对话框,如图 4-27 所示。

图 4-27　"分类汇总"对话框

在"分类字段"下拉列表框中选择分类字段"班级"。

在"汇总方式"下拉列表框中选择汇总方式"求和"。

在"选定汇总项"下拉列表框中选择汇总字段"成绩1"。

选择"替换当前分类汇总"命令。

选择"汇总结果显示在数据下方"命令。

(3) 单击"确定"按钮。

4. 分类汇总表的使用

分类汇总操作完成后,在工作表窗口的左侧会出现一些小控制按钮,如 `1 2 3`、`+`、`-`、体会使用分类汇总表。

第 **5** 章

PowerPoint 2010

实验 1　演示文稿的制作与编辑

一、实验目的和要求

（1）基本掌握演示文稿的创建方法。

（2）基本掌握幻灯片的编辑。

（3）基本掌握演示文稿的播放。

二、实验内容与步骤

通过以下的实验操作，制作一个演示文稿，表现春夏秋冬四季景色的古诗四首。

（1）新建空白演示文稿，并保存为"古诗四首"演示文稿文档。

当 PowerPoint 刚启动时，会自动新建一个空白演示文稿。

当在已存在的演示文稿中创建新演示文稿时，单击"文件"选项卡，选择"新建"命令，出现可以用来创建新演示文稿的模板和主题，如图 5-1 所示。

① 创建空白演示文稿。

a. 单击"文件"选项卡，选择"新建"命令，出现如图 5-1 所示页面。

b. 在"可用的模板和主题"窗格中，选择"空白演示文稿"，并在右侧窗格中单击"创建"按钮即可创建一个新的空白演示文稿。

② 保存演示文稿。

直接在程序左上角的快速访问工具栏中单击"保存"按钮 ![save] 或是按 Ctrl＋S 组合键。第一次保存时会弹出"另存为"对话框，设置好文件名"古诗四首"和保存路径后，单击"保存"按钮，新演示文稿就保存为扩展名为.pptx 的文档。

（2）在第一张幻灯片中，输入标题为"古诗四首"，副标题为《大林寺桃花》、《晓出净慈寺送林子方》、《菊花》、《咏梅》，每个诗名一行。

此时演示文稿已有一张幻灯片，版式为"标题和副标题"。单击其中占位符就可输入文字。

（3）添加新幻灯片，版式为"垂直排列标题与文本"。标题处输入"大林寺桃花--白居易"，其中"--白居易"分为另一段落。设置"--白居易"的字号为 28。文本处输入"人间四月

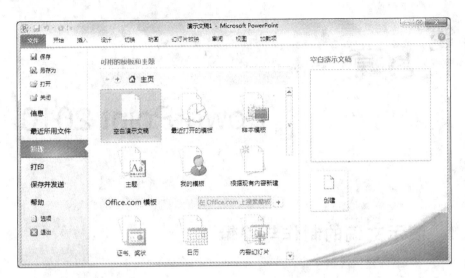

图 5-1　创建空白演示文稿

芳菲尽,山寺桃花始盛开。长恨春归无觅处,不知转入此中来。",每句分段,中间空一行,去掉项目符号。插入一张"桃花"图片和艺术字"春"。

　　① 添加新幻灯片的方法主要有如下 4 种。

　　a. 选择所要插入幻灯片的位置,按下 Enter 键,即可创建一个"标题与内容"幻灯片。

　　b. 选择所要插入幻灯片的位置,在该幻灯片上鼠标右击,从弹出的的快捷菜单中选择"新建幻灯片",创建一个"标题与内容"幻灯片。

　　c. 在默认视图(普通视图)模式下,单击"开始"选项卡下的"新建幻灯片"按钮上半部分图标 ,即可在当前幻灯片的后面添加系统设定的"标题与内容"幻灯片。

　　d. 在"开始"选项卡下单击"新建幻灯片"按钮的下半部分字体或右下角的箭头 ,则出现供挑选的不同幻灯片版式,单击即可选择并新建相应的幻灯片。

　　以上 4 种方法中无论新建的是哪种版式的幻灯片,都可以继续对其版式进行修改。

　　② 修改幻灯片版式操作步骤为:

　　a. 单击"开始"选项卡下"幻灯片"组中的"版式"按钮。

　　b. 打开如图 5-2 所示的"版式"页面,页面中反色显示的是当前选中的幻灯片版式。

　　c. 单击所需要的版式"垂直排列标题与文本",即可对当前的幻灯片版式进行修改。

　　③ 在标题处输入相应文字并分段后,选中"--白居易",设置字号,操作步骤为:单击"开始"→"字体"组→"字号",选择字号为 28。

　　④ 在文本处输入相应文字,分段空行后,选中所有文本,设置项目符号为无,操作步骤为:单击"开始"→"段落"组→"项目符号"按钮 的倒三角,在图 5-3 中选中为"无"。

　　⑤ 插入图片。

　　"插入"菜单中的"图像"组,如图 5-4 所示,分为图片、剪贴画、屏幕截图、相册 4 种类别。此时,先准备一张桃花图片,可以是网络中搜索而来,或者数码照片等。准备好后可以插入图片。操作步骤为:

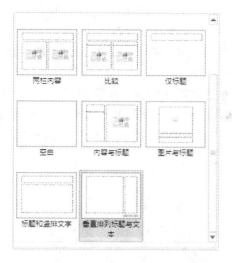

图 5-2　幻灯片版式

图 5-3　项目符号

图 5-4　"图像"组

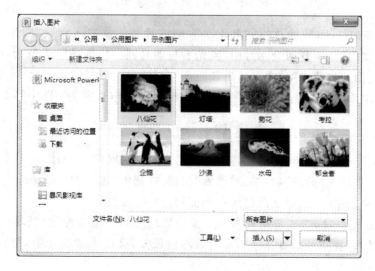

图 5-5　插入图片

　　单击"图片"按钮,弹出图 5-5 所示的"插入图片"对话框,单击要选择的图片缩略图,再单击"插入"按钮完成图片的插入。图片已经在当前幻灯片中出现,选中它,用鼠标拖动到合适位置即可。如果画过大,挡住文本,右击剪贴画,在弹出的快捷菜单中选中"置于最底层"即可。做好后,见图 5-8(a)幻灯片效果图。

　　⑥ 插入艺术字"春"。插入艺术字的操作步骤如下。

　　a. 单击"插入"→"文本"组→"艺术字",打开如图 5-6 所示的艺术字样库,选中其中一种,幻灯片中出现一个艺术字图片,文字为"请在此放置您的文字",单击此处,输入"春"。

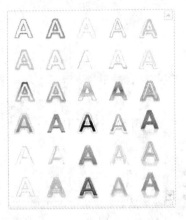

图 5-6　艺术字样库

　　b. 功能区中出现绘图工具的格式工具,如图 5-7 所示,通过这些设置艺术字的样式、阴影、颜色等。

图 5-7　绘图工具中的格式工具

　　(4) 增加新幻灯片,版式与格式和上一张幻灯片相同。输入标题"晓出净慈寺送林子方—杨万里",文本为"毕竟西湖六月中,风光不与四时同。接天莲叶无穷碧,映日荷花别样红。",插入荷花图片和艺术字"夏",做出如图 5-8(b)所示的效果图。

　　① 插入新的幻灯片,版式与上一张幻灯片相同。操作步骤为:选中第 2 张幻灯片,按Enter 键。

　　② 插入剪贴画"荷花"。

　　单击"插入"→"图像"组→"剪贴画",右侧出现"剪贴画"窗格,如图 5-9 所示,在"搜索文字"下的文本框中输入"荷花"后,单击"搜索"按钮,并选中"包括 office.com 内容",搜索后从下面的剪贴画中选中一张,剪贴画已经在当前幻灯片中出现。

　　(5) 增加新幻灯片,版式与格式和上一张幻灯片相同。输入标题"菊花--黄巢",文本为"待到秋来九月八,我花开后百花杀。冲天香阵透长安,满城尽带黄金甲。"插入"菊花"图片和艺术字"秋",做出如图 5-8(c)所示的效果图。

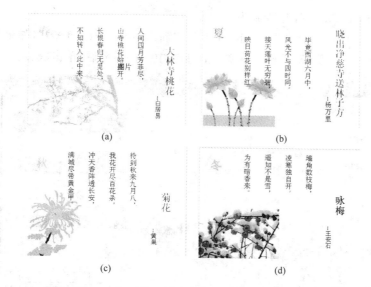

图 5-8 幻灯片效果图

（6）增加新幻灯片，版式与格式和上一张幻灯片相同。输入标题"咏梅--王安石"，文本为"墙角数枝梅，凌寒独自开。遥知不是雪，为有暗香来。"，插入"梅花"图片，做出如图 5-8(d)所示的效果图。

（7）设置第一张幻灯片的背景，并将副标题转换为 SmartArt。

① 设置背景格式。操作步骤为：

a. 选中第一张幻灯片，单击"设计"→"背景"→"背景样式"，在弹出的菜单中选择"设置背景格式"，弹出"设置背景格式"对话框，如图 5-10 所示。

b. 在对话框的"填充"选项卡中，在"插入自"下单击"剪贴画"，弹出剪贴画窗格，输入"花"，搜索后，选中一张插入。剪贴画就设置成了背景。

c. 单击"设置背景格式"对话框中的"关闭"按钮即可。

图 5-9 剪贴画

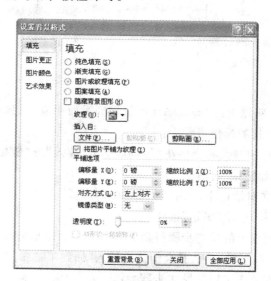

图 5-10 设置背景格式

② 转换为 SmartArt。操作步骤为:

a. 选中副标题中的所有文本,单击"插入"→"插入"组→"SmartArt",弹出如图 5-11 所示的"选择 SmartArt 图形"对话框。在对话框中选中一种图形后,单击"确定"按钮。

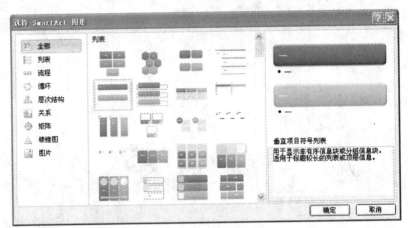

图 5-11　选择 SmartArt 图形

b. 此时,刚才的文本变成 SmartArt,功能区出现如图 5-12 所示的菜单。通过 SmartArt 工具的"更改颜色"、"艺术字样式"、"大小"等修改到合适为止。

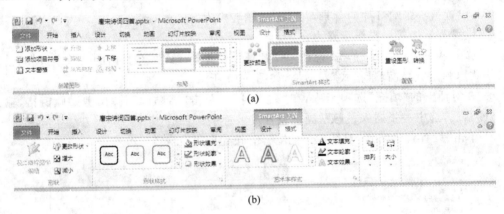

(a)

(b)

图 5-12　SmartArt 工具

(8) 将以上的 SmartArt 超链接到后面相应的幻灯片中。

超链接的操作步骤为:

① 选中《大林寺桃花》图形,单击"插入"→"链接"组→"超链接",弹出如图 5-13 所示的"编辑超链接"对话框。

② 在对话框中,选中"本文档中的位置"后,在"请选择文档中的位置"处选中"大林寺桃花"幻灯片,单击"确定"按钮。

按照以上的操作步骤将余下的三个图形也超链接到相应的幻灯片中。

(9) 除了第一张,其余幻灯片插入"回到第一张幻灯片"动作按钮。

插入动作按钮的操作步骤为:

选中第二张幻灯片,单击"插入"→"插图"组→"形状",在弹出的菜单中选中"动作按钮"

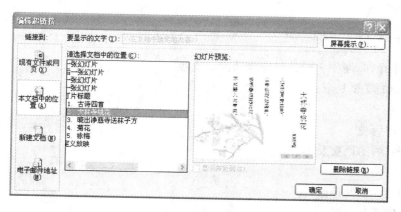

图 5-13　编辑超链接

中的"第一张幻灯片" ，如图 5-14 所示。在幻灯片相应的位置，画出一个形状即可。

　　因此在下面幻灯片中也插入相同的动作按钮，或者复制动作按钮到其他幻灯片中，也可以在幻灯片母版中插入。关于幻灯片母版的操作请看实验 2。

　　（10）保存演示文稿后，播放演示文稿。

　　按 Ctrl+S 键保存后，接着播放演示文稿。

　　演示文稿播放的操作步骤为：

　　单击菜单"幻灯片放映"→"观看放映"或按 F5 键，播放演示文稿。

　　此时，通过鼠标单击或鼠标右键弹出的快捷菜单来控制演示文稿的播放进度。也可以单击幻灯片中的动作按钮或超链接，实现幻灯片的跳转。按 Esc 可以退出演示文稿。

　　注意：把该演示文稿保存好，实验 3 还要用到。

实验2　演示文稿的修饰

一、实验目的和要求

（1）熟练掌握演示文稿的创建方法。

（2）熟练掌握幻灯片的编辑。

（3）掌握幻灯片页眉和页脚的设置。

（4）掌握主题的设置。

（5）掌握幻灯片版式的设置。

（6）掌握幻灯片母版的设置。

图 5-14　形状

二、实验内容与步骤

通过以下操作，制作一个介绍啤酒的演示文稿。

介绍啤酒的文章如下：

啤酒

1. 啤酒的历史

2. 制作啤酒的原料及工艺

3. 啤酒的分类

4. 啤酒的功效及价值

5. 鉴别啤酒的优劣

啤酒的历史

啤酒是最古老的饮料之一。据古代文献记载，约在 9000 年前，中亚的亚述人（今叙利亚）向女神尼哈罗的贡酒，就是用大麦酿造的。早在 3200 多年前我国就用"蘖"（麦芽）酿成一种叫做"醴"的甜淡酒，可以说是我国古老的啤酒。

制作啤酒的原料及工艺

原料：大麦、酿造用水、酒花、酵母以及淀粉质辅助原料（玉米、大米、大麦、小麦等）和糖类辅助原料等。

工艺：过芽备制、原料处理、加酒花、糖化、发酵、储存、灭菌、澄清和过滤等。

啤酒的分类

1. 根据原麦汁浓度分类

低浓度啤酒：原麦汁浓度在 2.5%～9.0% 之间，酒精含量 0.8%～2.5% 之间

中浓度啤酒：原麦汁浓度在 11%～14% 之间，酒精含量 3.2%～4.2% 之间

高浓度啤酒：原麦汁浓度在 14%～20% 之间，酒精含量 4.2%～5.5%

2. 根据啤酒色泽分类

淡色啤酒：色泽呈红棕色或红褐色，色度在 5～14EBC 之间

浓色啤酒：色泽呈红棕色或红褐色，色度在 14～40EBC 之间

黑色啤酒：色泽呈深红褐色乃至黑褐色

啤酒的功效及价值

（1）营养价值高，有"液体面包"之称，经常饮用有促进血液循环、消暑解热、帮助消化、开胃健脾、增进食欲等功能。

（2）啤酒是由发酵的谷物制成的，因此含有丰富的 B 族维生素和其他招牌营养素，并具有一定的热量。

（3）啤酒（特别是黑啤酒）可使动脉硬化和白内障的发病率降低 50%，并对心脏病有抵抗作用。

（4）男性以及年轻女性经常饮用啤酒，可以减少年老时得骨质疏松症的几率。骨质的密度和硅的摄取量有密切关系，而啤酒中因为含有大量的硅，经常饮用有助于保持人体骨骼强健。

鉴别啤酒的优劣

一看泡沫：将啤酒缓缓倒入洁净的玻璃杯内，泡沫立即冒起，颜色洁白，细而均匀，能保

持 4 至 5 秒的时间,并有泡沫挂杯现象的是优质品;如果泡沫粗大,且颜色带微黄,消散快,泡沫不挂杯的是劣质品。

二看颜色:目前市场上多为淡色啤酒,杯内必须清澈透明,整体呈悦目的金黄色,如酒色混浊、透明度差、黏性大,甚至有悬浮物的是劣质品。

三闻香气:用鼻子靠近啤酒,可以闻到浓郁的酒花幽香和麦芽的芳香的是优质啤酒;劣质啤酒则无酒花香气,有的有生酒气味、腥气或老化气味等异味。

四尝口味:入口感觉酒味醇正清爽,苦味柔和,回味醇厚,有愉快的芳香,并具有"杀口感"的是优质啤酒。"杀口"是指酒中碳酸气对口腔有浓重而愉快的刺激感。

(1)将介绍啤酒的文字先准备好,保存在命名为"啤酒"的记事本中。利用该文本文件来新建演示文稿。

利用文本文件来新建演示文稿的操作步骤:单击"文件"→"打开",弹出"打开"对话框,如图 5-15 所示。在"文件类型"下拉列表框中选中"所有文件",通过"查找范围"找到相应的文件夹,选中"啤酒.txt"后,单击"打开",关闭"打开"对话框。此时,文本文件中的所有文字都在演示文稿中,每段文字都成为幻灯片的标题。

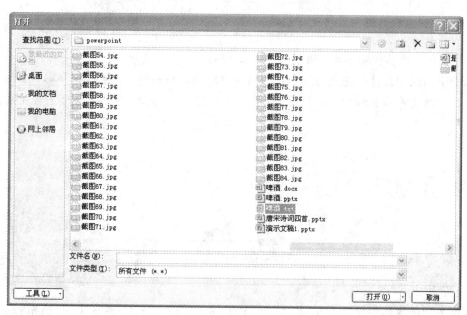

图 5-15　"打开"对话框

(2)将演示文稿整理成六张幻灯片,即一张标题和副标题,另五张为标题和文本幻灯片。

整理演示文稿,也就是将原来幻灯片中的文字进行大纲级别的调整。调整大纲级别的操作步骤为:选中幻灯片窗格中的"大纲"选项卡后,如图 5-16 所示,选中要调整的文字,鼠标右击,在弹出的快捷菜单中选中"升级"或"降级",如图 5-17 所示。这样调整成 6 张幻灯片。

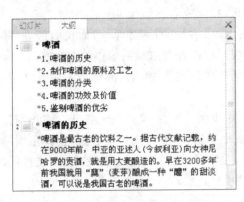

图 5-16　"大纲"选项卡　　　　图 5-17　快捷菜单

（3）将正文内容较多的后三张分成六张幻灯片。

选中第四张幻灯片的正文,此时,出现 ✥ 符号,单击该符号,出现如图 5-18 所示的快捷菜单,选中"将文本拆分到两个幻灯片"选项,该幻灯片就分成两张。依此拆分第五张、第六张幻灯片。

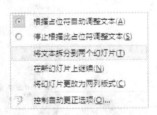

图 5-18　快捷菜单

（4）应用主题"气流"到演示文稿。

应用主题的操作步骤:单击"设计"→"主题"组中的 ▾ ,弹出"所有主题"窗格,选中"气流"主题即可。

（5）将两张啤酒的分类幻灯片中的分类文字换成表格,如表 5-1 和表 5-2 所示。

表 5-1　根据原麦汁浓度分类

	原麦汁浓度	酒精含量
低浓度啤酒	2.5%～9.0%	0.8%～2.5%
中浓度啤酒	11%～14%	3.2%～4.2%
高浓度啤酒	14%～20%	4.2%～5.5%

表 5-2　根据啤酒色泽分类

	色　泽	色　度
淡色啤酒	红棕色或红褐色	5～14EBC
浓色啤酒	红棕色或红褐色	4～40EBC
黑色啤酒	深红褐色乃至黑褐色	

　　插入表格的操作步骤为：单击"插入"→"表格"组→"表格"，弹出菜单，选中4行3列表格，如图5-19所示，幻灯片出现4行3列表格，选中表格中的单元格，把文字输入即可。

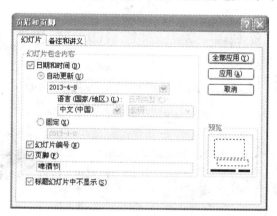

图 5-19　插入表格　　　　　　　　　图 5-20　"页眉和页脚"对话框

　　（6）把第一张幻灯片中副标题处五个小标题超链接到相应的幻灯片中。

　　（7）在第一张幻灯片中插入歌曲《祝酒歌》，要求幻灯片一放映就播放，循环播放，并将声音图标隐藏。

　　准备好歌曲"《祝酒歌》"文件后，插入声音到第一张幻灯片中。插入声音的操作步骤如下。

　　① 选择要插入声音的幻灯片，在"插入"菜单下的"媒体"组中，单击"音频"按钮，如图5-21所示，弹出菜单中包括3个命令："文件中的音频"、"剪贴画音频"和"录制音频"。

　　② 如果想添加文件夹中的音频到幻灯片，则选择"文件中的音频"命令，弹出图5-22所示的"插入音频"对话框，选择自己喜欢的音频文件插入。

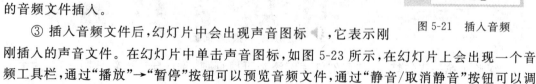

图 5-21　插入音频

　　③ 插入音频文件后，幻灯片中会出现声音图标 ◀ ，它表示刚刚插入的声音文件。在幻灯片中单击声音图标，如图5-23所示，在幻灯片上会出现一个音频工具栏，通过"播放"→"暂停"按钮可以预览音频文件，通过"静音/取消静音"按钮可以调整音量的大小。

　　在幻灯片播放过程中有声音图标不好看，可参考下述第④步操作中，在图5-24所示的"音频选项"组中选中"放映时隐藏"复选框。

　　④ 通过"音频工具"编辑声音文件。在幻灯片中单击声音图标，在菜单栏上会出现"音频工具"，包括"格式"和"播放"两个子菜单，选择"播放"子菜单中的命令来控制音频的播放。

图 5-22　插入音频对话框

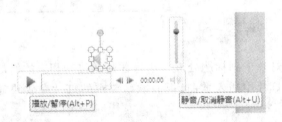

图 5-23　声音图标及其控制工具栏

如图 5-24 所示，在"开始"下拉列表框中选中"自动"，并选中"循环播放，直到停止"和"放映时隐藏"复选框。

图 5-24　"音频工具/播放"面板

（8）除了第一张幻灯片，其余幻灯片都添加页眉页脚，要有自动更新日期，幻灯片编号和页脚处为"啤酒节"。

添加页眉页脚的操作步骤为：单击"插入"→"文本"组→"页眉和页脚"，弹出"页眉和页脚"对话框。在该对话框中，选中"日期和时间"、"自动更新"、"幻灯片编号"、"页脚"和"标题幻灯片中不显示"复选框，并在"页脚"文本框中输入"啤酒节"，单击"全部应用"即可。

（9）除了第一张幻灯片，其余幻灯片都添加"前一张"、"回到第一张"、"后一张"动作按钮。

在实验一中也有插入动作按钮的操作，在一张幻灯片插入动作按钮后再复制到其他幻灯片中。这里插入动作按钮的操作同上,不同的是在幻灯片母版中插入。在幻灯片母版中插入对象,那么应用该版式的所有幻灯片都插入该对象。

打开幻灯片母版的操作步骤如下。

① 选中除了第一张外的其他幻灯片后,单击"视图"→"母版"组→"幻灯片母版",进入幻灯片母版视图,如图 5-25 所示。当前的版式就是当前幻灯片用的版式。在这个版式中插入三个动作按钮,插入完毕后,单击"幻灯片母版"→"关闭"组→"关闭母版视图",退出幻灯片母版编辑状态。

图 5-25　幻灯片母版

② 如果发现所有的幻灯片都有该动作按钮。可以将第一张幻灯片的版式设置为"标题"版式,这样第一张幻灯片就没有该动作按钮了。

(10) 保存演示文稿,并播放演示文稿。

注意:把该演示文稿保存好,实验 3 还要用到。

实验 3　设置演示文稿的播放效果

一、实验目的和要求

(1) 掌握动画效果的设置。

(2) 掌握幻灯片切换效果的设置。

(3) 掌握幻灯片放映方式的设置。

二、实验内容与步骤

通过对实验 1,实验 2 留下的演示文稿进行动画效果、幻灯片切换效果和幻灯片放映方式的设置,让演示文稿更加炫美。

以下实验操作针对实验 1 创建的"古诗四首"演示文稿。

(1) 设置第二张幻灯片的动画效果。"春"字自动"弹跳"进入,强调效果"陀螺旋"旋转两周。同时标题从下部飞入。标题飞入之后,延迟时间 0.25 秒,正文四句诗自动从下部逐句飞入,延迟时间 1 秒后,"春"字"弹跳"退出。

动画效果的操作步骤为:

① 设置"春"字的进入效果。

a. 双击"古诗四首.pptx",打开 PowerPoint 2010 和"古诗四首"演示文稿。

b. 在幻灯片视图窗格中选中第二张幻灯片为当前幻灯片,在幻灯片中选中"春"字,单击"动画",出现如图 5-26 所示的动画功能。

图 5-26　动画功能

c. 单击"高级动画"组→"添加动画",出现如图 5-27 所示的动画效果。在"动画效果"中,选中"进入"效果中的"弹跳"。

图 5-27　动画效果

d. 单击"计时"组→"开始",出现如图 5-28(a)所示的下拉列表框,从中选择"上一动画之后"选项。此时,"春"字的进入效果设置完毕。

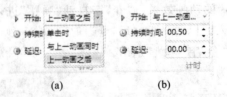

　　　(a)　　　　　　　(b)

图 5-28　计时设置

② 设置"春"字的强调效果。

a. 单击"高级动画"组→"添加动画",选中"强调"效果中的"陀螺旋",再选中"效果选项"中的"数量"下的"旋转两周"。

b. 单击"计时"组→"开始",从中选择"上一动画之后"。此时,"春"字的强调效果设置完毕。

③ 设置"标题"的进入效果。

a. 选中"标题"框,单击"高级动画"组→"添加动画"。在"动画效果"中,选中"进入"效果中的"飞入"。选中"效果选项"中的"方向"下的"自底部"。

b. 单击"计时"组→"开始",从中选择"与上一动画同时"。这样,"标题"就与"春"字的强调效果同时进行。

④ 设置四句古诗的进入效果。

a. 选中四句古诗,单击"高级动画"组→"添加动画"。在"动画效果"中,选中"进入"效果中的"飞入"。选中"效果选项"中的"方向"下的"自底部",并选中"序列"下的"按段落",这样四句古诗就逐句飞入。

b. 单击"计时"组→"开始",从中选择"上一动画之后"。这样,"四句古诗"跟在"标题"的进入效果之后飞入。

⑤ 设置"春"字的退出效果。

a. 选中"春"字,单击"高级动画"组→"添加动画",选中"退出"效果中的"弹跳"。

b. 单击"计时"组→"开始",从中选择"上一动画之后"。在如图 5-28(b)所示的"延迟"框中输入 01.00。这样就会在幻灯片退出命令之后延迟 1 秒之后"春"字弹跳退出。

到此,该幻灯片的所有动画效果设置完毕,预览动画。

⑥ 预览动画的方法有多种:

a. 单击"动画"→"预览"组→"预览",可以看到整个动画效果。

b. 单击"动画"→"高级动画"组→"动画窗格",在幻灯片编辑区的右侧出现如图 5-29 所示的动画窗格,可以看到当前幻灯片中所有的动画效果以及相应的时间表排序,单击"播放"按钮也可以看到动画效果。

（2）将操作（1）中的动画效果同样设置到余下三张幻灯片中。

第二张幻灯片的动画效果设置完毕,其他余下三张幻灯片也设置同样的动画效果,可以用到动画刷。

动画刷的操作步骤:在第二张幻灯片中,选中"春"字后单击"动画刷",此时鼠标变成刷子形状,选中第三张幻灯片中的"夏"字。"夏"字就得到"春"字的进入、强调、退出三张动画效果。以同样的操作方法让第三张幻灯片的其他对象得到相应第二张幻灯片的动画效果。

动画刷好后,单击图 5-29 动画窗格的"播放"按

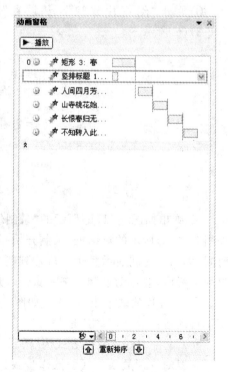

图 5-29　动画窗格

钮查看动画效果。此时发现各处的动画效果的顺序可能与第二张幻灯片的顺序不一致,可以进行顺序的调整。在动画窗格中选中需要调整顺序的对象,通过"重新排序"处两边的 和 来调整顺序即可。

(3) 设置所有的幻灯片切换方式为"门",无声音。换片方式:单击和自动换片,自动换片时间为 2 分钟。

设置幻灯片切换方式的操作步骤为:

① 选中一张幻灯片,单击"切换"→"切换到此幻灯片"组→"门"。选择"计时"组中的"换片方式"下的"设置自动换片时间"的时间为 00:02:00.00。设置完后单击"预览"查看幻灯片切换效果,如图 5-30 所示。

图 5-30 切换功能区

② 设置完毕后,单击"计时"组的"全部应用"。这样,演示文稿中所有幻灯片切换方式得到统一。

(4) 排练计时。排练时加入旁白,介绍该古诗的大意。

因为要加入旁白,请先确定有麦克风连接到电脑中。准备工作完毕后,可以排练计时。

排练计时的操作步骤为:

① 单击"幻灯片放映"→"设置"组→"录制幻灯片演示"→"从头开始录制",如图 5-31(a)所示。

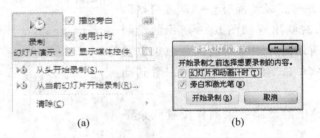

(a)   (b)

图 5-31 录制幻灯片演示

② 弹出如图 5-31(b)所示的"录制幻灯片演示"对话框,单击"开始录制"按钮后,出现与如图 5-32(a)所示的对话框,录制开始。该录制框中第一个时间表示在当前幻灯片上所用的时间,第二个时间表示整个幻灯片到此时的播放时间。此时,通过麦克风与幻灯片的动画效果配上旁白,会自动录制下来每张幻灯片放映的时间和相应的旁白效果。

③ 幻灯片放映结束时,弹出如图 5-32(b)所示的对话框,如果要保存这些计时以便将其用于自动运行放映,单击"是"按钮。

(5) 设置幻灯片放映方式为"演示者放映"和"循环放映",可以"自动换片"。

设置幻灯片放映方式的操作步骤为:单击"幻灯片放映"→"设置"组→"设置幻灯片放映方式",弹出如图 5-33 所示的设置放映方式对话框。在对话框中选中"放映类型"下的"演

(a)　　　　　　　　　　(b)

图 5-32　排练计时

示者放映"单选按钮,选中"放映选项"下的"循环放映,按 Esc 键终止"复选框,选中"换片方式"下的"如果存在排练时间,则使用它"单选按钮。设置完毕,单击"确定"按钮。

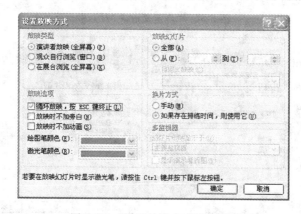

图 5-33　"设置放映方式"对话框

(6) 将演示文稿另存为自动放映文件。

另存为自动放映文件的操作步骤为:单击"文件"→"另存为"按钮,弹出"另存为"对话框。在对话框中选中"保存类型"下拉列表框中"PowerPoint 放映(.ppsx)",单击"保存"按钮即可。这样,双击自动放映文件就直接进入幻灯片放映状态。

以下实验操作针对实验 2 创建的啤酒演示文稿。

(7) 设置幻灯片切换方式为"淡出",声音为"风铃"声。

设置幻灯片切换方式的操作请参照本实验的操作(3),而声音的设置则从"声音"下拉列表框中选中"风铃"即可。

(8) 建立自定义放映,里面包括:啤酒、啤酒的功效、啤酒的鉴别等一共五张幻灯片。

自定义幻灯片放映的操作步骤如下。

① 单击"幻灯片放映"→"开始放映幻灯片"组→"自定义幻灯片放映",从下拉菜单中选择"自定义放映"命令,弹出如图 5-34(a)所示的"自定义放映"对话框。

② 单击"新建"按钮,弹出如图 5-35 所示的"定义自定义放映"对话框,在该对话框中,可以设置幻灯片放映名称。从"在演示文稿中的幻灯片"选中所需要的幻灯片后,单击"添加"按钮加入到"在自定义放映中的幻灯片"列表框中。如果不小心添加过多时,则选中"在自定义放映中的幻灯片"列表框中多余的幻灯片,单击对话框中间的"删除"按钮即可。定义好后,单击"确定"按钮。

③ 此时原来的"自定义放映"对话框变为如图 5-34(b)所示,单击"放映"按钮可以查看"自定义放映"的效果,也可以通过选中"自定义放映 1"后,单击"编辑"按钮就又回到"定义

自定义放映"对话框中编辑,还可以删除或复制它。

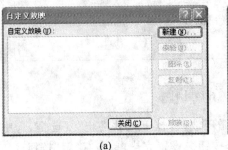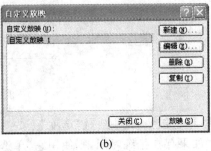

(a)　　　　　　　　　　　　　(b)

图 5-34　"自定义放映"对话框

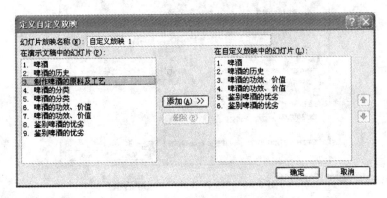

图 5-35　"定义自定义放映"对话框

(9) 设置幻灯片放映方式为第(7)步操作建立的自定义放映。

设置幻灯片放映方式的操作与本实验的操作(5)类似。不同的是,此时弹出的"设置放映方式"对话框与图 5-33 不同,其中原来灰色不可用的"放映幻灯片"下的"自定义放映"变成可用,只需选中"自定义放映"下的"自定义放映"即可。

第 6 章

计算机网络及其应用

实验 1　配置 TCP/IP 协议

一、实验目的

(1) 了解 Win7 中 TCP/IP 配置的内容。

(2) 掌握 Win7 中 TCP/IP 配置的方法。

二、实验说明

TCP/IP 协议是 Internet 采用的通信协议,每一台连入 Internet 的主机只有正确配置了 TCP/IP 协议之后,才能顺利访问 Internet 的各种服务。

在 Win7 系统中,TCP/IP 配置的基本内容包括 IP 地址、子网掩码、默认网关以及 DNS (域名)服务器。其中,IP 地址是一台主机在整个 Internet 中的唯一标识。根据 IP 地址和子网掩码可以确定该主机所在的局域网。当用户通过局域网连入 Internet 时,需要设置默认网关,该网关的地址就是所在局域网连入 Internet 的路由器地址。DNS 服务器则用于将域名解析为 IP 地址,如果 DNS 服务器的地址配置不正确,则用户将无法通过使用域名来访问万维网服务。

三、实验内容

某校内用户需要通过校园网连入 Internet,学校信息管理部网络室为其开具的配置清单如下:

IP 地址:222.20.145.19　　子网掩码:255.255.255.0　　默认网关:222.20.145.8

DNS 服务器:202.114.234.1 和 202.103.24.68

请按照该配置清单,配置 TCP/IP 协议。

具体步骤如下:

(1) 打开"控制面板"中的"网络和 Internet"选项,进入"网络和共享中心"窗口,如图 6-1 所示。

(2) 选择"更改适配器设置"选项进入网络连接,如图 6-2 所示。

(3) 右键单击"本地连接"选择"属性",如图 6-3 所示。

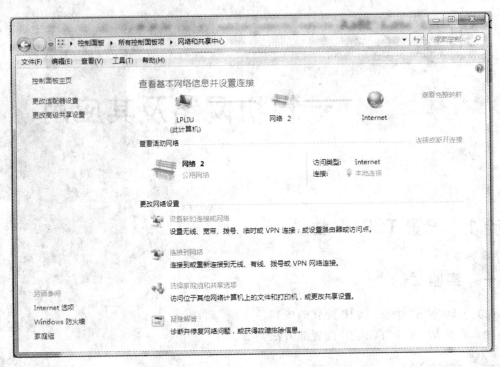

图 6-1　"网络和共享中心"窗口

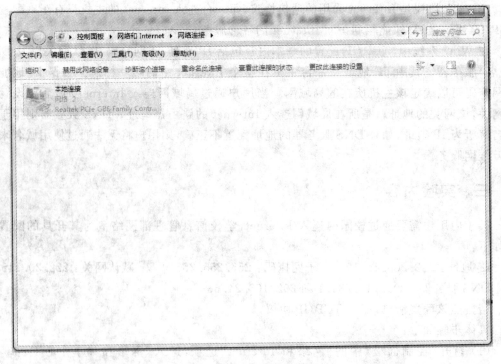

图 6-2　进入网络连接

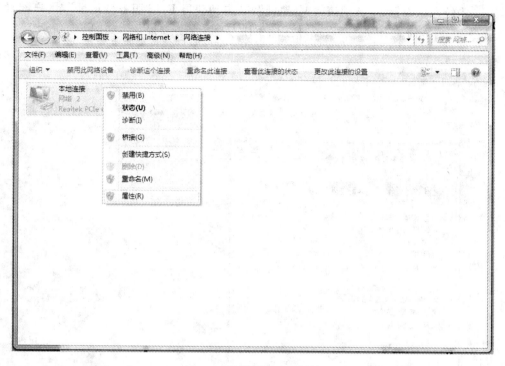

图 6-3 选择网络连接属性

（4）在"本地连接 属性"对话框中选择进入"Internet 协议版本 4（TCP/IPv4）"设置 IP
地址，如图 6-4 所示。

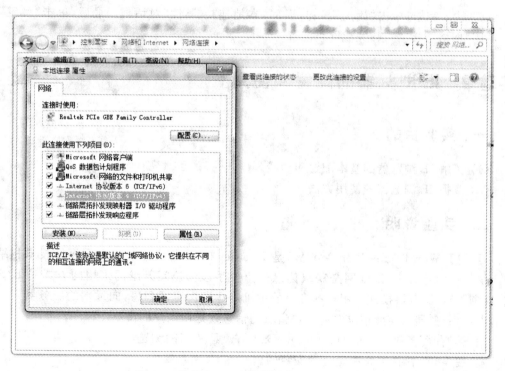

图 6-4 选择 Internet 协议版本 4（TCP/IPv4）

（5）系统默认设置为"自动获得 IP 地址"和"自动获得 DNS 服务器地址"，用户配置 IP
地址选择"使用下面的 IP 地址"以及"使用下面的 DNS 服务器地址"，如图 6-5 所示。

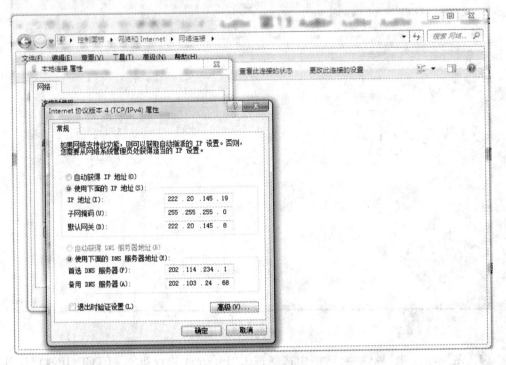

图 6-5　网络协议设置

（6）输入完毕，单击"确定"按钮，返回"本地连接 属性"对话框。最后，单击"确定"按
钮，关闭"网络连接"窗口，完成网络配置。

实验 2　IE 浏览器的配置和使用

一、实验目的

（1）了解 IE 浏览器的基本配置和功能。
（2）掌握 IE 浏览器的使用方法。

二、实验说明

万维网(World Wide Web,WWW)是 Internet 技术、超文本技术和多媒体技术相结合
的产物。在信息时代，万维网是获取信息的重要手段。访问万维网采用的方式是 B/S 模
式，即浏览器/服务器模式。用户在自己的主机上运行浏览器程序，向远端的服务器发出信
息请求，由服务器响应此请求并将用户请求的信息发送回用户的浏览器程序。

浏览器有很多种，其中 IE(Internet Explorer)是常用的浏览器之一。它由美国微软公
司开发，在 Win7 操作系统中是自动安装的。

掌握 IE 浏览器的使用方法，能够极大地提高访问信息的效率。

三、实验内容

1. 设置主页

1）采用下面三种方法均可启动 Internet Explorer

（1）双击 Windows 7 桌面上的 Internet Explorer 图标。

（2）单击任务栏上的 Internet Explorer 快速启动图标。

（3）单击"开始"菜单→"程序"→Internet Explorer 命令。

启动 Internet Explorer 后,屏幕上显示的主界面如图 6-6 所示。

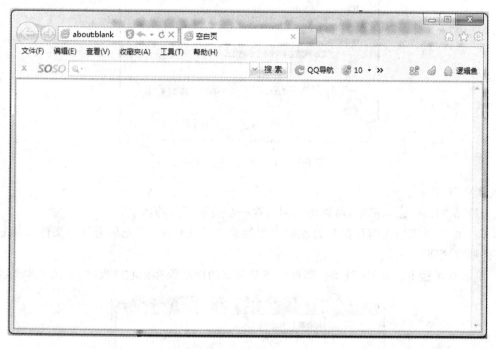

图 6-6　IE 浏览器窗口

如果想在打开 IE 浏览器时自动访问某页面,可以通过设置主页来实现。例如将中南财经政法大学网站设置为主页:在浏览器窗口的菜单栏中单击"工具",在"工具"菜单下选择"Internet 选项",即可打开"Internet 选项"对话框,如图 6-7 所示。

在"地址"栏中输入"www. znufe. edu. cn",单击"确定"按钮。之后每次打开浏览器,都会自动打开中南财经政法大学主页,并且在用户使用浏览器的过程中,任何时候只要单击浏览器窗口中的功能按钮 ,也可以立刻跳转到 www. znufe. edu. cn 页面。

2. 收藏夹的管理

1）Web 页添加到收藏夹

（1）在浏览过程中要想把当前网页添加到收藏夹中,步骤如下。单击"收藏"菜单→"添加到收藏夹"选项,或者在浏览窗口左侧打开的收藏夹栏内单击"添加"按钮,即可弹出"添加

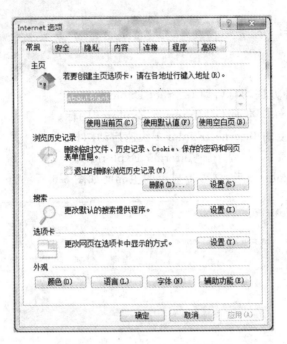

图 6-7 "Internet 选项"对话框

到收藏夹"对话框。

(2) 在"名称"输入框中,可以为该网页取一个易于识别的名字。

(3) 如果要把当前网页保存到收藏夹中的某个子文件中,可先单击该子文件夹使它打开,否则直接到下一步。

单击对话框中的"确定"按钮,即可把当前网页的地址保存到收藏夹中,如图 6-8 所示。

图 6-8 "添加收藏"对话框

2) 整理收藏夹

随着上网次数的增加,收藏夹中的内容可能会越来越多,查找起来也会不够方便,这时可以对收藏夹中的内容进行分类整理。

单击"收藏"菜单→"整理收藏夹"选项,或者在浏览窗口左侧打开的收藏夹栏内单击"整理"按钮,都可打开"整理收藏夹"对话框,如图 6-9 所示。

(1) 创建文件夹。

单击"新建文件夹"按钮,这时列表框中将增加一个名为"新建文件夹"的文件夹,并且处于重命名状态。输入"工作网站",然后按 Enter 键,就在收藏夹中新建了一个"工作网站"的

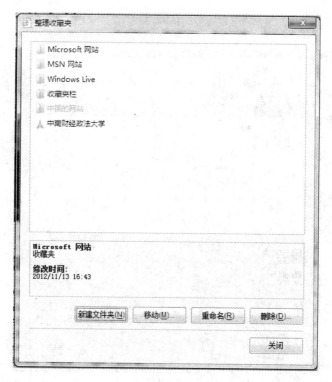

图 6-9 "整理收藏夹"对话框

子文件夹,如图 6-10 所示。

(2) 将项目移动到文件夹。

将收藏夹中的"中南财经政法大学"移动到文件夹"工作网站"中,步骤如下。

① 单击"中南财经政法大学"。

② 单击"移至文件夹"按钮,出现一个对话框。

③ 弹出的对话框中列出了现有文件夹,单击"工作网站"文件夹。

④ 单击"确定"按钮,就将"中南财经政法大学"移动到文件夹"工作网站"中了。

更为方便的方法是利用鼠标的拖动功能把一个项目直接拖到目标文件夹里。单击项目,然后按住鼠标左键不放,拖到目标文件夹上松手就行了。

(3) 重命名项目

对列表框里的项目(文件夹或网页)可以重新命名。选定某个项目,然后单击"重命名"按钮,该项目的名字就处于接受输入状态。输入新名称后,按回车键或用鼠标单击任意空白处,名称就改好了。

(4) 删除项目

对于收藏夹中不再使用的项目(文件夹或网页)可以把它们删除,除的方法有很多。

① 单击要删除的项目,然后单击"删除"按钮。

② 单击要删除的项目,然后按 Delete 键。

③ 用鼠标右键单击要删除的项目,在弹出的菜单中选择"删除"命令。

3) 导出和导入收藏夹

(1) 导出收藏夹。

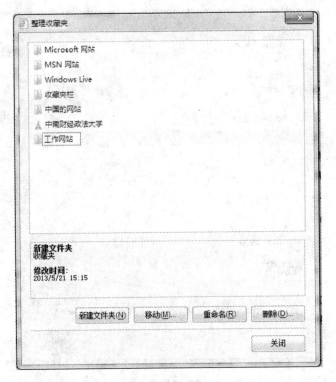

图 6-10　收藏栏中"新建文件夹"

当系统出现故障,需要重新安装时,收藏夹里的信息可能会全部丢失,可以将收藏夹导出为一个文件,妥善保存。如果计算机重新安装操作系统,可以将这个文件重新导入浏览器中,从而保存用户的收藏资源。

单击浏览器窗口中"文件"菜单中的"导入和导出…",可以弹出"导入/导出向导"对话框,选择"导出到文件"选项,如图 6-11 所示。

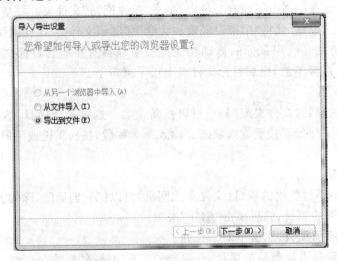

图 6-11　"导入/导出向导"对话框

单击"下一步"按钮,在"您希望导出哪些内容"选项区域组中选择"收藏夹"复选框,如

图 6-12 所示。

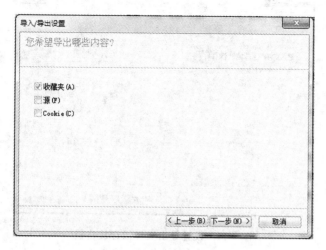

图 6-12 导出收藏夹

单击"下一步"按钮,选择需要导出保存的收藏文件夹,如图 6-13 所示。

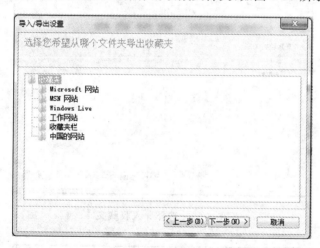

图 6-13 选择需要导出保存的收藏文件夹

单击"下一步"按钮,选择导出文件的存放路径,注意不要放在系统安装盘 C 盘,如图 6-14 所示。

单击"导出"按钮,最后单击"完成"按钮。

可以看到,在指定位置"E:\"处生成了一个 bookmark.htm 文件。

(2) 导入收藏夹。

单击浏览器窗口中"文件"菜单下的"导入和导出…",弹出"导入/导出向导"对话框,如图 6-11 所示。选择"从文件导入"单选按钮。

单击"下一步"按钮,在"您希望导入哪些内容"列表框中选择"收藏夹"复选框,如图 6-15 所示。

单击"下一步"按钮,在"您希望从何处导入收藏夹"中选择之前导出的收藏夹备份文件,如图 6-16 所示。

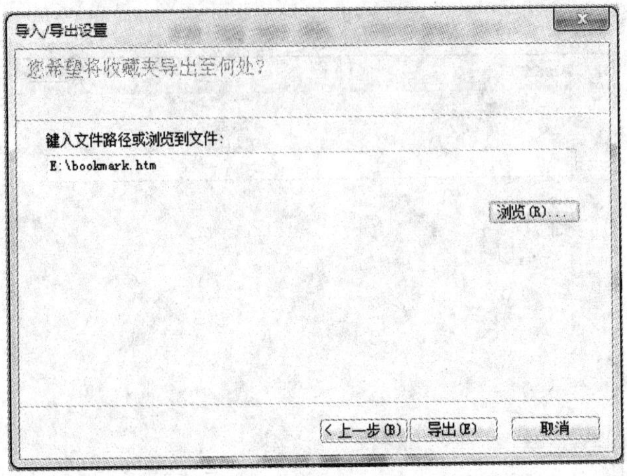

图 6-14　设置导出文件的存放路径

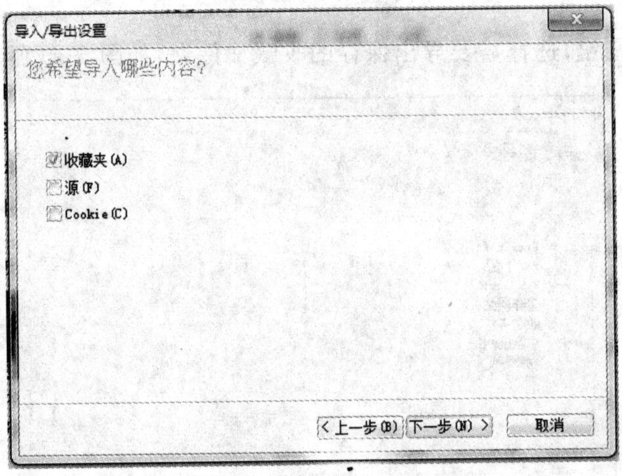

图 6-15　选择导入收藏夹

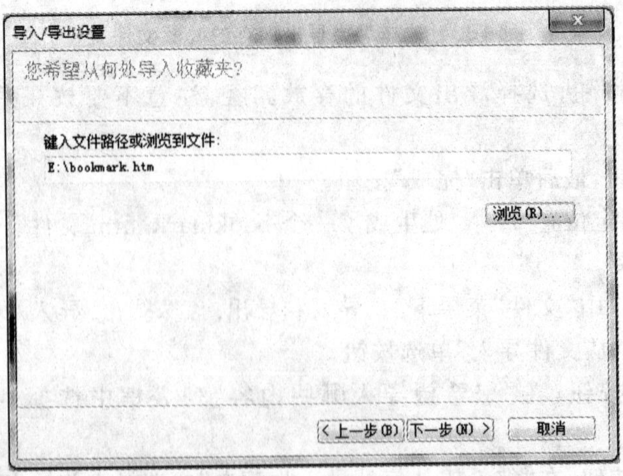

图 6-16　选择需要导入的收藏夹备份文件

单击"下一步"按钮,选择导入收藏夹的目标文件夹,单击"导入"按钮,然后单击"完成"按钮,如图 6-17 所示。

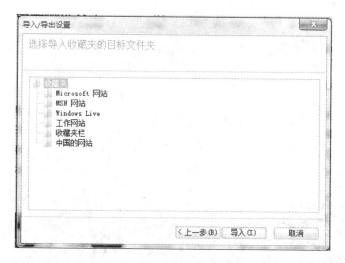

图 6-17 选择导入收藏夹的目标文件夹

3. 保存网页

保存网页的目的是为了将某个网页保存在本地计算机上,以便在以后不能访问该网络资源时仍然能够浏览该网页的内容。

打开要保存的网页,然后单击"文件"菜单,选择"另存为…"选项,如图 6-18 所示。

图 6-18 "文件"菜单下的"另存为"选项

随后会弹出"保存页面"对话框,如图 6-19 所示。

为保存该页面选择保存位置后,可以在"文件名"后的文本框中输入该页面要保存的文件名,然后单击"保存"按钮即可。

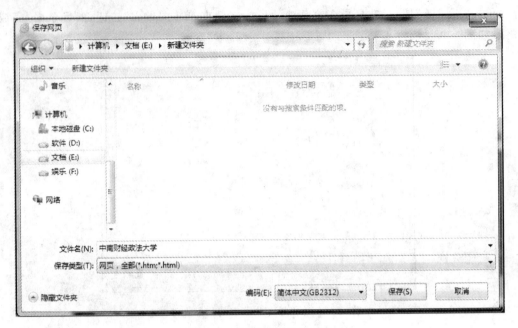

图 6-19 "保存页面"对话框

实验 3　搜索引擎的使用

一、实验目的

掌握谷歌搜索引擎的使用方法。

二、实验说明

借助搜索引擎，可以在浩瀚的互联网中快速找到自己需要的内容，借助搜索引擎，还可以提高获取信息的能力。

谷歌搜索引擎是目前最优秀的搜索引擎之一，本实验以谷歌搜索引擎为例，训练使用方法。

三、实验内容

1．用谷歌搜索引擎在中南财经政法大学网站上搜索与"计算机技术工程硕士"相关的网页

在浏览器地址栏中输入 www. google. com. hk，进入谷歌搜索引擎，在搜索框中输入"计算机技术工程硕士 site：znufe. edu. cn"，如图 6-20 所示。

单击"Google 搜索"按钮，即可得到搜索结果。

2．用谷歌搜索引擎搜索并下载刘德华的照片

打开谷歌搜索引擎，然后单击"图片"链接，如图 6-21 所示。

图 6-20　在搜索框中输入搜索内容

图 6-21　搜索图片

在搜索框中输入"刘德华",然后单击"Google 搜索"按钮,得到的搜索结果如图 6-22 所示。

图 6-22　搜索结果

在图片列表中找到需要的图片,用鼠标右键单击,弹出浮动式菜单,选择"目标另存为"选项,如图 6-23 所示。

图 6-23　下载歌曲

选择路径并输入文件名,单击"保存"按钮,即可将指定图片下载到本地计算机。

第7章

多媒体技术基础

实验1　Photoshop 文档的基本操作

一、实验目的

（1）掌握启动和退出 Photoshop 的常用方法。
（2）熟悉 Photoshop 的工作界面。
（3）新建、打开和存储 Photoshop 文档。
（4）掌握图像编辑的基本操作。

二、实验说明

Photoshop 被誉为目前最强大的图像处理软件之一，具有强大的图像处理功能。除此之外，Photoshop 具有广泛的兼容性，采用开放式结构，能够外挂其他的处理软件和图像输入输出设备；支持多种图像格式以及多种色彩模式；提供了强大的选取图像范围的功能；可以对图像进行色调和色彩的调整，使色相、饱和度、亮度和对比度的精确调整成为举手之劳；提供了自由驰骋的绘画功能；完善了图层、通道和蒙版功能；强大的滤镜功能等。

本章实验将介绍 Photoshop CS4 的常用操作和图像设计制作。在本实验中，首先要掌握有关 Photoshop CS4 文档的基本操作，以及学会在不同的图像之间进行剪切、复制和粘贴，旋转和翻转图像，通过撤销和恢复的功能还可以还原操作失误的图像。此外，还学习使用填充和描边的功能来创作图像。

三、实验内容

1. Photoshop CS4 的启动与退出

1）Photoshop CS4 的启动
Photoshop CS4 启动的常用方法有如下几种：
（1）利用"开始"菜单启动。

单击桌面底部任务栏上的"开始"按钮，沿"开始"按钮上方立即出现一个菜单即"所有程序"菜单，将鼠标指针移到其中的"程序"项上，其右侧会出现一个子菜单，再将鼠标指针指向 Adobe Photoshop CS4，单击即可启动 Photoshop CS4，其窗口如图 7-1 所示。

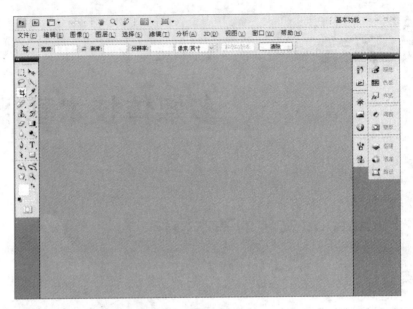

图 7-1　Photoshop CS4 窗口

（2）利用"我的电脑"或"资源管理器"窗口启动。

打开"我的电脑"或"资源管理器"窗口，逐层查找到"Adobe"文件夹，打开该文件夹，继续查找"Photoshop．EXE"文件，当查找到该文件，用鼠标左键双击它，则启动了Photoshop CS4。

（3）利用快捷方式启动。

如果在桌面上已经创建了 Photoshop CS4 的快捷方式，那么可用鼠标左键双击该快捷方式图标，则启动了 Photoshop CS4。

（4）利用"运行"对话框启动。

单击"开始"菜单，再单击"运行"，则弹出"运行"对话框。在该对话框的输入框中输入C：\Program Files\Adobe\Adobe Photoshop CS4\Photoshop．EXE，再单击"确定"按钮，则启动了 Photoshop CS4。

（5）利用已有的 Photoshop 文档启动。

如果在电脑上已经存在保存的 Photoshop 文档（psd 格式），那么可以通过双击打开这类文档来自动启动 Photoshop CS4。

2）Photoshop CS4 的退出

（1）单击 Photoshop CS4 窗口中的"文件"菜单，在弹出的下拉菜单中选择"退出"命令。

（2）单击 Photoshop CS4 窗口中的标题栏上右侧的"关闭"按钮，即"✕"图标。

（3）单击 Photoshop CS4 窗口中的标题栏最左侧的系统控制菜单图标，在产生的下拉菜单中单击"关闭"按钮，或者双击系统控制菜单图标，即可退出 Photoshop CS4。

（4）直接按下组合键 Alt＋F4，可退出 Photoshop CS4。

2．Photoshop 的工具箱

工具箱是 Photoshop 的强力武器，随着 Photoshop 版本的不断提高，工具箱的工具都有很大的调整。工具越来越多,操作越来越简捷,功能也不断提高。

工具箱中的各个工具的功能如图 7-2 所示。

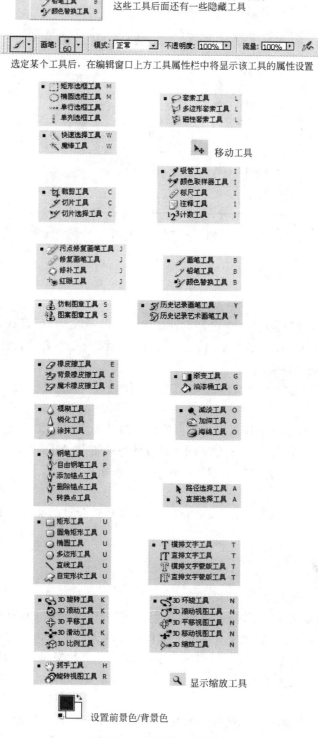

图 7-2　工具箱的功能介绍

3. 新建空白文档

要在 Photoshop 中新建文件，可以选择菜单栏中的"文件"→"新建"命令或者按 Ctrl＋N 快捷键，出现"新建"对话框，如图 7-3 所示。

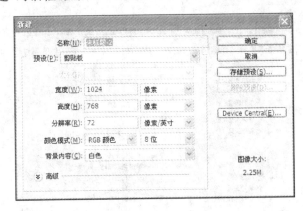

图 7-3 "新建"对话框

4. 打开 Photoshop 文档

1）打开文档

如果需要按原有格式打开一个已经存在的 Photoshop 文件，可以选择"文件"→"打开"命令（对应的快捷键是 Ctrl＋O），弹出"打开文件"对话框，文件名是目标文件，文件类型是 Photoshop 能打开的文件类型。

按住 Ctrl 键可以选定多个文件打开，按住 Shift 键可以选定多个连续文件打开。

2）打开为

在 Photoshop 中，用户不仅可以按照原有格式打开一个图像文件，还可以按照其他格式打开该文件。选择"文件"→"打开为"命令（对应的快捷键是 Alt＋Ctrl＋O），指定需要的格式，并从中选择需要打开的文件名，然后单击"打开"按钮即可。

3）最近打开文件

选择"文件"→"最近打开文件"命令，可以弹出最近打开过的文件列表，直接选取需要的文件名即可打开。

5. 文档的存储

1）存储

保存文件时只要选择"文件"→"存储"命令（对应的快捷键是 Ctrl＋S）即可。该命令将会把编辑过的文件以原路径、原文件名及原文件格式存入磁盘中，并覆盖原始的文件。用户在使用存储命令时要特别小心，否则可能会丢掉原文件。如果是第一次保存则弹出"存储为"对话框，只要给出文件名即可。

2）存储为

选择"文件"→"存储为"命令（对应的快捷键是 Shift＋Ctrl＋S）即可打开如图 7-4 所示的对话框。在该对话框中，可以将修改过的文件重新命名、改变路径、改换格式，然后再保存,这样不会覆盖原始文件。

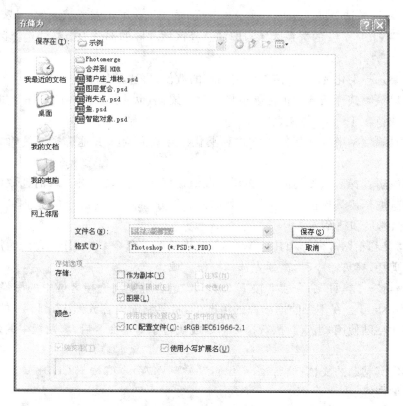

图 7-4　"存储为"对话框

6. 图像编辑的基本操作

1) 区域选择

下面以选框为例说明其使用方法,其他工具使用方法类似。

矩形选框按钮 ,它可以用鼠标在图层上拉出矩形选框。椭圆选框按钮为 ,其属性栏与矩形选框大致相同。

先单击 按钮,鼠标在画面上变为"＋"字形,用鼠标在图像中拖动画出一个矩形,即为选中的区域。

单击矩形选框工具 时,会出现其属性栏。矩形选框工具的属性栏分为三部分:修改方式、羽化与消除锯齿和样式,如图 7-5 所示。

图 7-5　选框工具属性栏

(1) 四种选区修改方式。

- 正常的选择 :去掉旧的区域,重新选择新的区域,这是缺省方式。
- 合并选择 :在旧的选择区域的基础上,增加新的选择区域,形成最终的选择区。也可以按 Shift 键后,再用鼠标框出需要加入的区域。

- 减去选择 ⌐ ：在旧的选择区域中,减去新的选择区域与旧的选择区域相交的部分,形成最终的选择区。也可以按 Alt 键后,再用鼠标框出需要减去的区域。
- 相交选择 ▣ ：新的选择区域与旧的选择区域共同的部分为最终的选择区域。

(2) 羽化选择区域。

如果需要选择羽化的区域,需先设定羽化的数值,再选择区域。

羽化可以消除选择区域的正常硬边界并对其柔化,也就是使边界产生一个过渡段(羽毛的效果),其取值在 1～250 像素之间。

选框工具属性栏中的选区修改方式和羽化区域设置对于其他选择工具(如套索、魔棒等)也适用。

如果要编辑选择区域外的内容,必须先取消该区域的选取状态。取消选取区域只需要用任何一种选取框工具单击选取区域以外的任何地方,或者单击鼠标右键选择"取消选择"。

2) 剪切、拷贝和粘贴

剪切、拷贝和粘贴等命令和其他 Windows 软件中的命令基本相同,它们的用法也基本一样。执行剪切、拷贝命令时,需要先选择操作区域。

执行"编辑"→"拷贝"命令或者按下 Ctrl＋C 组合键复制选择区域中的图像,执行拷贝命令后,Photoshop 会在不影响原图像的情况下,将复制的内容放到 Windows 的剪贴板中,用户可以多次粘贴使用,当重新执行拷贝命令或执行了剪切命令后,剪贴板中的内容才会被更新。

打开需向其粘贴的文档,然后执行"编辑"→"粘贴"命令或按下 Ctrl＋V 组合键粘贴剪贴板中的图像内容。

在 Photoshop 中进行剪切图像与复制一样简单,只需执行"编辑"→"剪切"命令或按 Ctrl＋X 组合键即可。但要注意,剪切是将选取范围内的图像剪切掉,并放入剪贴板中。所以,剪切区域内图像会消失,并填入"背景色"颜色。

在文档中粘贴图像以后,在图层面板中会自动出现一个新层,其名称会自动命名,并且粘贴后的图层会成为当前工作的图层。

在"编辑"菜单中还提供了 2 个命令:"合并拷贝"和"粘贴入"。这两个命令也是用于复制和粘贴的操作,但是它们不同于"拷贝"和"粘贴"命令,其功能如下:

- 合并拷贝：该命令用于复制图像中的所有层,即在不影响原图像的情况下,将选取范围内的所有层均复制并放入剪贴板中。否则,此命令不能使用。
- 粘贴入：使用该命令之前,必须先选取一个范围。当执行粘贴入命令后,粘贴的图像将只显示在选取区域之内。使用该命令经常能够得到一些意想不到的效果。执行"编辑"→"粘贴入"命令或按下 Ctrl＋Shift＋V 快捷键,可以看到粘贴图像后,同样会产生一个新层,并用遮蔽的方式将选取范围以外的区域盖住,但并非将选取范围之外的区域删除。

3) 移动图像

图像中的内容,常常需要移动以调整位置。通常使用的方法是用工具箱中的移动工具 ⊹ 按钮进行移动。

首先,在工具箱中单击选中移动工具 ⊹ 按钮,并确保选中当前要移动的层,然后移动鼠标至图像窗口中,在要移动的物体上按下鼠标拖动即可。若移动的对象是层,则将该层设为作用层即可进行移动,而不须先选取范围;若移动的对象是图像中某一块区域,那么,必须在移动前先选取范围,然后再使用移动工具进行移动。

4)清除图像

清除图像时,必须先选取范围指定清除的图像内容,然后执行"编辑"→"清除"命令或按下 Delete 键即可,删除后的图像会呈现下一图层图像,如果是背景层的内容被删除,则填入"背景色"颜色。

不管是剪切、复制、还是删除,都可以配合使用羽化的功能,先对选取范围进行羽化操作,然后进行剪切、复制或清除。

5)旋转和翻转图像

对整个图像进行旋转和翻转主要通过"编辑"→"旋转画布"子菜单中的命令来完成。执行这些命令之前,用户不需要选取范围,直接就可以使用。

对图像的局部进行旋转和翻转,首先要选取一个范围,然后执行"编辑"→"变换"子菜单中的旋转和翻转命令。

局部旋转、翻转图像与旋转、翻转整个图像效果不同,前者只对当前作用层有效。

6)图像变换

图像的变换操作包括缩放、旋转、斜切、扭曲、透视等 5 种不同的变形操作命令。

进行图像变换前,首先选择需要进行变化的区域,如果不做选择的话,则对整个图层的图像进行变换。然后执行"编辑"→"变换"子菜单中的命令就可以完成指定的变形操作。

7)撤销和恢复

和其他应用软件一样,Photoshop 也提供了"撤销"与"恢复"命令,但是 Photoshop 的"撤销"与"恢复"命令只能对前一次操作进行处理。对应"撤销"与"恢复"命令,在 Photoshop 的编辑菜单下对应为"还原"和"返回"。

如果需要撤销多次操作,则可以通过历史记录控制面板完成。

执行菜单栏中的"窗口"→"历史记录"命令可显示历史记录面板,该面板由 2 部分组成,如图 7-6 所示,上半部分显示的是快照的内容,下半部分显示的是编辑图像的所有操作步骤(最多 20 个步骤),每个步骤都按操作的先后顺序从上到下排列。选择其中的某一步骤,图像则可以返回到该操作步骤之前的内容。

图 7-6　历史记录面板

8)填充和描边

使用填充、描边命令对选取范围进行填充,是制作图像的一种常用手法。

填充命令类似于油漆桶工具,可以在指定区域内填入选定的颜色,但与油漆桶工具有所不同,填充命令除了能填充颜色以外,还可以填充图案、快照等。

选取一个范围,然后执行菜单栏的"编辑"→"填充"命令打开"填充"对话框,如图 7-7 所示,设定好图案后,单击"确定"按钮进行填充。

执行菜单栏的"编辑"→"描边"命令打开"描边"对话框,如图 7-8 所示,在此可对选择区域设置描边的宽度和颜色。

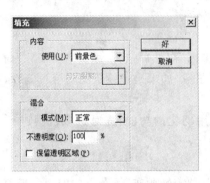

图 7-7 "填充"对话框　　　　　　图 7-8 "描边"对话框

实验2　砖墙上的霓虹灯字

一、实验目的

(1) 掌握海绵滤镜、底纹效果滤镜和云彩滤镜的使用。
(2) 熟悉图层样式的使用。
(3) 了解色彩调整的使用方法。

二、实验说明

Photoshop 的滤镜功能非常强大,可以使图像清晰化、柔化、扭曲、肌理化或者完全转变图像来创作或模拟各种特殊效果。

图层样式工具 *fx.* 包含了许多特殊效果,可以自动应用到图层中,例如投影、发光、斜面和浮雕、描边、图案填充等效果。设定图层样式后,再编辑图层时,图层效果会自动更改,而且在该层中添加每一个新的图像实体,都会具有图层的这种效果。

Photoshop 中对图像色彩和色调的控制是图像编辑的关键,它直接关系到图像最后的效果,只有有效地控制图像的色彩和色调,才能制作出高品质的图像。Photoshop 提供了完善的色彩和色调的调整功能,这些功能主要存放在"图像"菜单的"调整"子菜单中,也可以使用图层面板下方的色彩调整图层工具,使用后者时,Photoshop 将会对图像进行的色调和色彩的设定单独存放在调节层中,对图像色彩的调整不会破坏性地改变原始图像,增大修改弹性。

通过本实验,掌握海绵滤镜、底纹效果滤镜和云彩滤镜的使用,并能够使用图层样式为图层的内容添加特殊效果,同时还将了解和学习色彩调整的使用方法。

三、实验内容

1. 砖墙的制作

1) 新建文档

(1) 打开 Photoshop 程序。执行"文件"→"新建"命令,在弹出的对话框中设定文档的宽高分别为 640 像素和 480 像素,具体设置如图 7-9 所示。

图 7-9 "新建"对话框中的参数设置

(2)单击工具箱中的"设置前景色"按钮,在对话框中将前景色设为 R:90、G:45 和 B:45。执行"编辑"→"填充"命令,填充内容使用"前景色",单击"确定"按钮。

2)设置滤镜效果

(1)执行"滤镜"→"艺术效果"→"海绵",具体参数设置如图 7-10 所示。

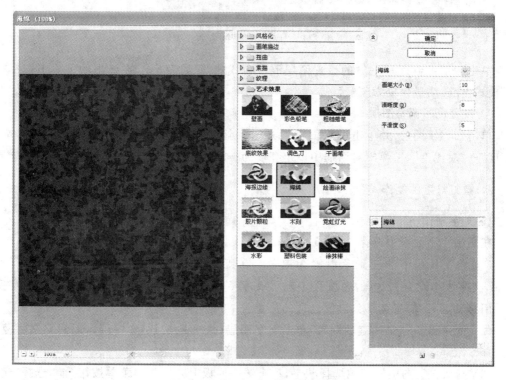

图 7-10 "海绵"效果的参数设置

(2)执行"滤镜"→"艺术效果"→"底纹效果",具体参数设置如图 7-11 所示。

(3)单击图层面板下方的新建图层按钮,新建一个图层。确认前景色为 R:90、G:45 和 B:45,背景色为白色。执行"滤镜"→"渲染"→"云彩"命令。

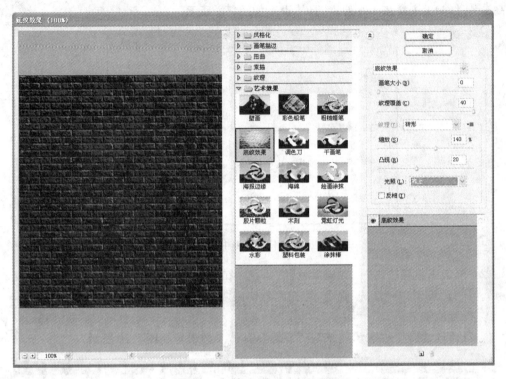

图 7-11　"底纹效果"的参数设置

单击图层控制面板上方的设置图层混合模式的"正常"模式,在弹出的菜单中选择"叠加"模式,让砖墙显得较为斑驳。

3）设置色彩调整图层

单击"背景"图层,并单击图层面板下方的"创建新的填充或调整图层"按钮 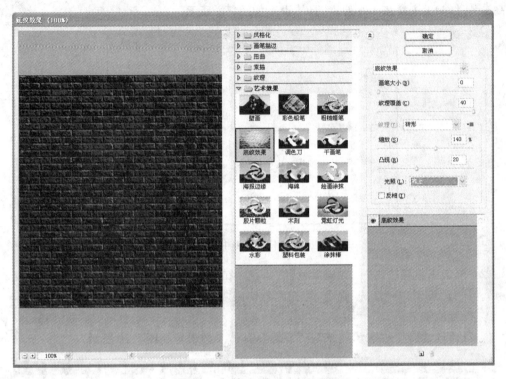,选择"亮度"→"对比度",在弹出对话框中设定亮度为-50,对比度为-40,以制造黑夜砖墙质感。

2. 霓虹灯字的制作

1）文字制作

在图层控制面板中选择"图层1"。

（1）将工具箱中的前景色设置为白色。在工具箱中选择文字工具 **T**,设置字体为Arial,文字大小设为 120 点,在画面上输入文字 51BAR 字样,当然也可以输入其他文字。然后用移动工具 将其移到画面合适的位置。结果如图 7-12 所示。

（2）按住键盘的 Ctrl 键的同时,单击文字图层（这里是 51BAR 图层）,以建立文字范围的选择区域。

（3）确认文字图层处于被选择状态,单击图层面板上方的弹出菜单按钮 ,选择"删除图层"命令,如图 7-13 所示。在弹出的对话框中单击"确定"按钮。

再次单击图层面板上方的弹出菜单按钮 ,选择"新图层"命令,在弹出的对话框中单击"确定"按钮。

图 7-12　输入文字后的画面效果

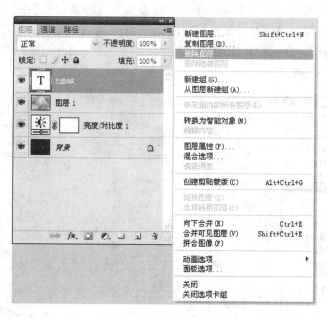

图 7-13　"删除图层"命令

（4）执行菜单栏中的"选择"→"修改"→"平滑"命令，在弹出的对话框中将平滑值设为5，单击"确定"按钮。再次执行"选择"→"修改"→"平滑"命令，在弹出的对话框中直接单击"确定"按钮。

（5）将工具箱中的前景色设为白色。执行"编辑"→"填充"命令，在弹出的对话框中确认填充内容为"前景色"，单击"确定"按钮。

（6）执行"选择"→"修改"→"收缩"命令，在弹出的对话框中，将收缩值像素设为3，单击

"确定"按钮。

按键盘上的 Delete 键，将文字内部的白色删除，结果如图 7-14 所示。

图 7-14　霓虹灯文字

执行"选择"→"取消选择"命令以取消当前的选区。

执行"滤镜"→"模糊"→"高斯模糊"命令，在弹出的对话框中设置模糊值为 1，单击"确定"按钮。

2）霓虹灯字效果

确认 51BAR 所在的图层被选择。单击图层面板下方的添加图层样式按钮 *fx.*，在弹出菜单中选择"外发光"复选框，在弹出的"图层样式"对话框中，单击"杂色"下方的颜色块，接着在弹出的"拾色器"对话框中将 RGB 分别设为 170、255 和 180（浅绿色）。"内发光"的其他参数设置如图 7-15 所示。

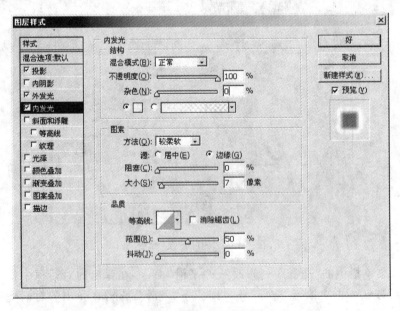

图 7-15　内发光参数设置

单击"图层样式"对话框左边的"外发光"选择项，然后单击右栏中的"杂色"下方的颜色块，在弹出的"拾色器"对话框中将 RGB 分别设为 10、255 和 50（绿色）。"外发光"的其他参数设置如图 7-16 所示。

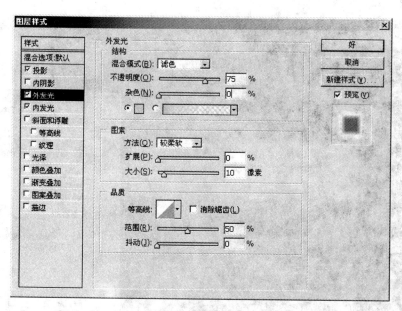

图 7-16 外发光参数设置

接着单击"图层样式"对话框左边的"投影"选择项，然后单击右栏中混合模式后面的颜色框，在弹出的"拾色器"对话框中将 RGB 分别设为 0、255 和 0(绿色)。"投影"的其他参数设置如图 7-17 所示。

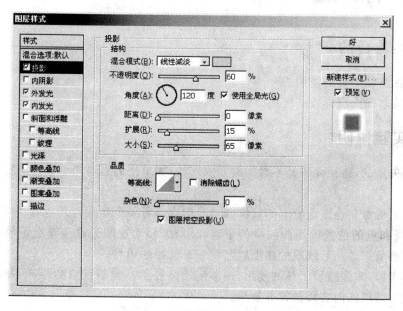

图 7-17 投影效果的参数设置

最后的霓虹灯字效果如图 7-18 所示。

图 7-18　砖墙上的霓虹灯字效果

实验3　心形水滴

一、实验目的

(1) 掌握路径工具的使用。

(2) 熟练掌握图层样式的使用。

二、实验说明

路径是矢量的,路径允许是不封闭的开放形状,如果把起点与终点重合绘制就可以得到封闭的路径。

路径由定位点和连接定位点的线段(曲线)构成。每一个定位点还包含了 2 条引线和 2个句柄,引线和点的位置确定曲线段的位置和形状,移动这些元素会改变路径中曲线的形状。精确调整节点及前后线段的曲度以匹配想要选择的边界。

通过本实验,掌握路径工具的使用,能够使用路径工具绘制任意的形状,并能够熟练使用图层样式为图层的内容添加特殊效果。

三、实验内容

1. 心形路径的制作

(1) 执行菜单栏中"文件"→"新建"命令新建图像,输入图像名称,设置宽度和高度均为400 像素,内容为"白色"。

（2）选择工具箱中钢笔工具 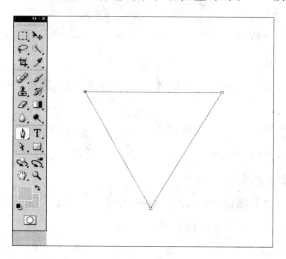，在工具属性栏选择"路径"模式。依次在图布上选三个节点，最后一点和起始点重合，使其成为一个倒三角形。选择工具栏中的直接选取工具，通过移动节点将三角形调整至合适的形状和位置，如图 7-19 所示。

图 7-19　创建一个三角形路径

在操作熟练的情况下可以直接在窗口中用钢笔单击画布，鼠标按住不放并拖动，则可以拖出两条引线和控制句柄。对下一个点也如此操作，这样就可画出任意曲线。

（3）利用增加节点工具，在三角形的上边中间增加一个节点。

选择直接选取工具，向下移动最上端的新增节点，将图像变成一个多边形。

然后选择转换点工具，将光标位置放到移动后的编辑点上，单击左键使之成为角点。

选择转换点工具，将光标位置放到左上方的编辑点上，单击且按住左键并移动，直到图形为适合的心形，松开鼠标左键。同样在右上取另外一个节点进行编辑，使图形成为心形。此时心形路径完成，如图 7-20 所示。

图 7-20　完成的心形路径

（4）在路径面板中，双击工作路径，命名为 Heart。

如果需要修改心形，随时可以在路经面板中选择 Heart，进行调整修改。

2. 水珠效果的制作

（1）执行"文件"→"打开"命令，打开 C：\Program Files\Adobe\Adobe Photoshop CS4\示例\图层复合. psd。

（2）单击该文档的图层面板右上方的弹出菜单按钮 ，选择"拼合图像"选项，将所有的图层合并为一个图层。

（3）执行菜单栏中的"选择"→"全选"命令，然后再执行"编辑"→"拷贝"命令，接着单击早先的"未标题-1"文件，执行"编辑"→"粘贴"命令。此时，可以将"图层复合. psd"文件关闭，注意关闭时不要保存文件。

（4）确认心形路径处于激活状态，也就是在文档中可见。如果没有被激活，就打开路径面板，单击心形路径，然后回到图层面板即可。

（5）将工具箱中的"前景色"设为白色。单击图层面板下方的"创建新的填充或调整图层"按钮 ，选择"纯色"，在弹出的"拾色器"对话框，单击"确定"按钮即可。此时，将创建一个填色蒙版图层——颜色填充 1。

将图层面板上方的填充值改为 0%，图层中对象的内部填充将不可见。最后的图层面板状况如图 7-21 所示。

图 7-21　图层面板显示

（6）确定"颜色填充 1"被选择。单击图层面板下方的"添加图层样式"按钮 ，在弹出的菜单中选择"斜面和浮雕效果"。斜面和浮雕效果的参数设置如图 7-22 所示。

接着单击"图层样式"对话框左边的"投影"选择项，"投影"混合模式的颜色不变，其他参数设置如图 7-23 所示。

最后，单击"图层样式"对话框左边的"内阴影"选择项，然后单击右栏中的"混合模式"下

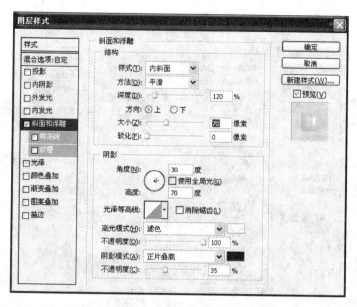

图 7-22 "斜面"→"浮雕效果"的参数设置

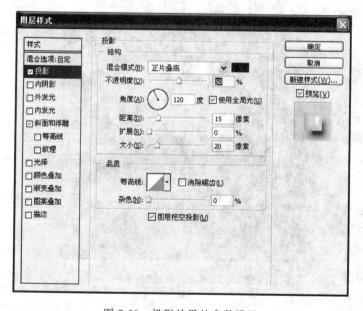

图 7-23 投影效果的参数设置

拉式按钮,选择"滤色"混合模式,再单击其后的颜色块,在弹出的"拾色器"对话框中将 RGB 分别设为 240、154 和 184(粉紫色),以反映背景的颜色。"内阴影"的其他参数设置如图 7-24 所示。

注意:对照图层样式中的参数设置,其中"斜面和浮雕"效果并没有采用全局光。

最后生成的水珠效果如图 7-25 所示。本图的"心形水珠"使用了钢笔系列工具将锐利的交点调整为圆弧过渡。

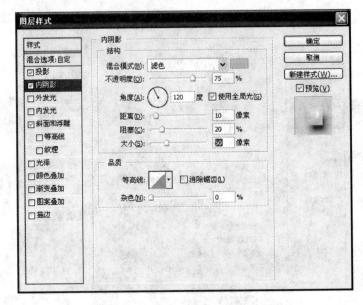

图 7-24　内投影效果的参数设置

图 7-25　"心形水珠"效果图

实验 4　快速制作影片

一、实验目的

(1) 熟悉会声会影 X3 的工作界面。

(2) 掌握会声会影 X3 的基本操作方法。

(3) 熟练掌握会声会影快速制作影片的方法。

二、实验说明

会声会影 X3 提供了用于制作具有专业效果的幻灯片和影片的所有工具。它可以导入和编辑媒体素材,创建影片并将最终作品以视频文件、在线内容或 DVD 的形式共享,还可以打印快照和光盘卷标。

会声会影 X3 有 2 种编辑模式:(1)简易编辑模式。只要三个步骤就可快速做出 DV 影片;(2)高级编辑模式。操作简单、功能强大,初学者也可以快速从视频捕获、剪接、转场、特效、覆叠、字幕、配乐到刻录完成撼动人心的 HD 高画质的家庭电影。本实验采用简易编辑模式完成。

三、实验内容

首先自定影片主题,简要拟定画面顺序(剧本),然后准备好影片的媒体素材(视频、图像、音乐/配音、动画等),在电脑中创建不同类型的文件夹,将媒体素材分类整理。

1. 运行会声会影 X3

(1) 单击任务栏的"开始"按钮,执行"程序/Corel VideoStudio Pro X3/Corel VideoStudio Pro X3"命令,即可启动会声会影 X3。

(2) 在出现的启动窗口(如图 7-26 所示)中,单击"简易编辑"按钮进入媒体整理窗口,如图 7-27 所示。

图 7-26　会声会影 X3 启动画面

2. 导入媒体素材

(1) 单击操作菜单〔导入　创建　打印　共享　🔍〕中的"导入",在导入设备中选择"我的电脑"选项,如图 7-28 所示。在弹出的媒体导入窗口中找到媒体素材所在的盘符和文件夹,在需要导入的文件夹前的 ■ 标记上单击鼠标,使其处于 ☑ 选中状态,如图 7-29 所示。

(2) 单击窗口右下角的"开始"按钮,完成素材导入,返回媒体整理窗口。

单击左侧媒体导览窗的"文件夹"按钮,即可查看已经导入的素材文件夹。

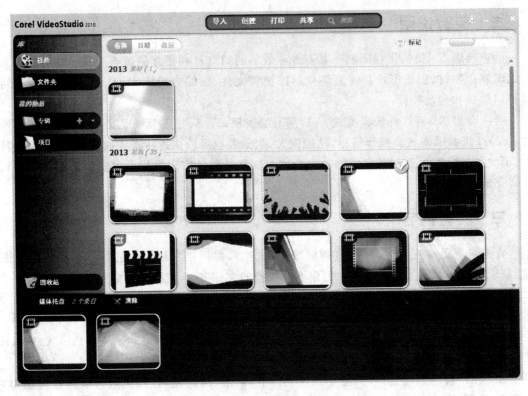

图 7-27 媒体整理窗口

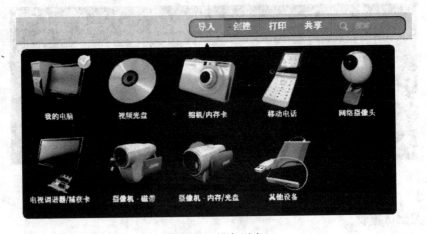

图 7-28 设备列表

3. 添加媒体素材到媒体托盘

在工作区选择媒体素材缩略图，然后单击缩略图右上方 ✅ 标记，素材即会添加在窗口下方的媒体托盘中，如图 7-30 所示。既可以直接按住素材缩略图拖到媒体托盘，又可以右键单击素材缩略图，在弹出的菜单中选择"添加到媒体托盘"。

可以在媒体托盘中根据需要拖动素材缩略图来调整素材顺序。

图 7-29 媒体素材的导入窗口

图 7-30 选择媒体素材

4．创建影片

（1）单击操作菜单 导入 创建 打印 共享 中的"创建"，选择"电影"选项，在弹出的"创建电影"窗口中选择"趣味"类型的模板。单击窗口下方的"转至电影"按钮进入影片编辑窗口，如图 7-31 所示。

在编辑影片时，可以添加新的素材、调整素材顺序、删除素材、重新选择模板、调整标题内容、设置新标题、更换背景音乐和添加话外音（配音）等。

（2）拖动媒体轨下方的滑块到影片标题位置，如图 7-32 所示，双击影片标题，即可在预览框中编辑影片标题的文字内容、颜色、字号以及对齐方式等，也可以插入新标题。

5．输出影片

（1）单击窗口右下方的"输出"按钮，在弹出的"输出电影"窗口中单击 "另存为视频文件"按钮，进入视频文件输出窗口。

（2）在"文件名"框中输入文件名称。

（3）在"保存到"框中定位至保存文件的位置。

（4）在"选项"区域的下拉列表中选择设置。

· 视频格式：可选择的视频格式。

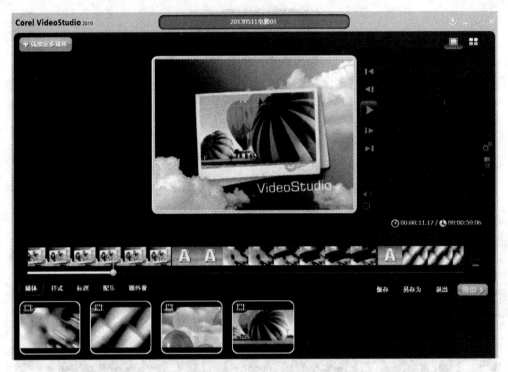

图 7-31　影片编辑窗口

图 7-32　媒体轨上的影片标题

- 视频质量：可设置的视频质量。系统自动显示所选格式的信息及与媒体设备的兼容性。

　　（5）单击窗口右下方的"保存"按钮，会出现正在创建电影文件进程栏。保存过程完成时，会看到文件已成功创建的消息。

　　（6）单击"确定"按钮完成影片制作。

第 **8** 章

信息系统安全

实验 1 检查计算机系统的安全措施

一、实验目的

了解计算机系统的安全措施,提高对计算机系统安全性的认识。

二、实验说明

在实验室中,对所用的计算机系统进行了解,有哪些安全措施。

三、实验内容

(1) 查看有没有杀计算机病毒软件。
(2) 查看有没有软件防火墙。

实验 2 用计算机杀毒软件进行查、杀病毒

一、实验目的

(1) 学习使用某种计算机杀毒软件。
(2) 了解所发现的计算机病毒的危害性、表现特征等。

二、实验说明

调用计算机上安装的计算机杀毒软件,进行查、杀病毒,注意杀毒软件的运行过程和处理结果。

三、实验内容

(1) 查看所用的计算机系统中的杀病毒软件。若没有,可从校园网上下载"瑞星"(RISING)杀病毒软件。先进行安装,再实施杀毒。

（2）记录杀毒过程，特别是对所发现的计算机病毒名要记下来，实验结束后通过查阅资料，了解其危害性、表现特征等。

实验3 关于计算机病毒的进一步理解

一、实验目的

增强对计算机病毒的了解。

二、实验说明

请阅读以下资料，增强对计算机病毒和网络威胁的了解。

三、实验内容

第一，关于病毒。

病毒的多样性

今天，"病毒"这个术语已被每位计算机使用者和许多从未使用过计算机的人所熟知。连电视报道和报纸上都有关于最新的病毒流行的详细内容。其实，病毒是个全称性的术语，它涵盖了许多不同类型的恶意程序：传统的病毒、互联网和电子邮件中的蠕虫病毒、木马程序、后门程序以及其他恶意程序。

病毒的危害

无论其形式如何，病毒都是通过复制自身、并几乎总是在不被使用者注意的情况下利用计算机和网络传播的程序。病毒的作用，或者效果可能是令人厌烦的、有害的、甚至是犯罪的。一个病毒也许只是个在显示屏上出现幽默信息的程序，也可能会清除计算机上的全部文件，或者窃取并散布机密数据。

第一个计算机病毒的出现是在 20 世纪 60 年代末还是 20 世纪 70 年代初人们意见不一。其影响相对有限，道理很简单，那时计算机使用者的数量比今天的使用者少太多了。计算机的普及导致病毒几乎变得每日出现，当然偶尔会有些欺骗性的消息。然而，真实的病毒攻击已是司空见惯了，其后果是严重的，它导致个人和公司的相似的财产损失。

计算机系统的病态疯狂？

病毒威胁的数量、频率和攻击的速度与日俱增。病毒防护因而成为每位计算机使用者要优先考虑的问题。

第二，关于黑客。

何谓黑客？

"黑客"的原意是指对计算机系统的工作原理充满好奇心的计算机使用者，他们进入计算机系统以满足对知识的渴望。当一位黑客掌握了进入系统或程序的路径，通常会为使之运行更高效而做改进。唯一的问题是，黑客通常是背着主人或在未获主人许可的情况下进入计算机系统的。

如今的黑客

术语"黑客"如今意味着通过计算机设备和手段非法进入系统或获取数据的个人。黑客侵犯的目标既有个人计算机也有大型网络。在世界上许多非常知名的公司和政府机构的网络都曾受到黑客的一次次攻击。

黑客攻击

一旦控制了系统,黑客会因各种目的操纵该计算机。许多黑客运用其技能谋财:一位著名黑客从美国花旗银行偷走了1000万美元。黑客也运用他们的技能通过攻击互联网或特殊的网站,向全球传播各种病毒(viruses)。这不仅危害遭受损失的个别公司,而且因损害生意链而破坏全球经济。

与黑客作斗争

从加拿大到毛里求斯,许多国家通过立法使黑客攻击受到法律惩罚。惩罚的形式从罚款到长期监禁。一位化名"Gigabyte"的编写病毒程序的女黑客在2004年初被比利时警方抓获,对她的指控是破坏计算机数据。如果罪名成立,她将面临高额罚款和长达3年的铁窗生活。

然而,单靠立法并不能解决全部问题。个人计算机用户可以应用反黑客技术保护自己,这种检测潜在攻击和确保在网上安全冲浪的技术通过使黑客看不到你的计算机来实现。

病毒、黑客及现在的垃圾邮件

仅用短短几年的时间,垃圾邮件就成为一种主要的网络威胁。不请自来的邮件广告包括所能想象到的范围最广的产品、大学学位课程及色情网站信息。垃圾邮件可能携带攻击性内容,但这并不是最大的问题。它会阻塞邮箱,导致对企业服务器的"服务器拒绝"攻击,并可能传播病毒。

阻止垃圾邮件潮

人们提出了各种解决方案和工具,包括对黑名单的制约规则和反垃圾邮件过滤器。世界各国的政府正将反垃圾邮件的立法工作提上日程,尽管该法律的实施也是个头疼的问题。黑名单需要有效地公布出来,而一旦公布,就会被垃圾邮件的制造者利用。他们可简单地停用上了黑名单的地址,并像以前一样继续作恶。

软件解决方案

使用最有效的语言学反垃圾邮件工具意味着保护PC或网络免受数以百计的垃圾信息的骚扰。很多软件公司开发出了先进的启发式语言学分析工具,可从信件中识别出和滤除垃圾邮件。

实验4　浏览北京瑞星公司网站

一、实验目的

在Internet上浏览瑞星公司反病毒网站,了解该公司和病毒情况。

二、实验说明

上网后,请进入瑞星公司反病毒网站主页:

http://www.rising.com.cn

三、实验内容

第一,图 8-1 是一个时间段的瑞星公司网站主页画面(部分)。

1998 年	在国内第一个清除 Word、Excel 宏病毒。 中国大陆首个可以彻底查杀 CIH 病毒的杀毒软件。
1999 年	在 6 个小时内提供新型病毒"梅利莎"(Melissa)蠕虫解决方案。 国内首次将"实时监控"功能引入到杀毒软件当中。
2000 年	首推"智能升级"功能。 首推"邮件监控"功能。
2001 年	捕获并剿灭能同时在 Windows 和 Linux 操作系统上传播、发作的病毒 — Win32. Winux。
2002 年	独创的智能解包还原技术,着手解决变种病毒。
2003 年	实现了"补漏、杀毒、防黑、数据修复"四位一体的单机整体防御体系。
2004 年	研发出具有国际领先水平的高应变型智能化反病毒引擎 OOT 引擎。未知病毒查杀技术获得专利。
2005 年	推出全球首家支持微软 64 位中文操作系统反病毒产品。 提供全面反击病毒、木马、流氓软件等各种"网络威胁"的整体解决方案。
2006 年	手机病毒查杀技术产品化。 全球安全业界首次将商用"虚拟机"技术应用到杀毒引擎中。

图 8-1　Rising 公司网站主页画面(部分)

第二,请试行下载 Rising 杀毒免费试用版,然后安装使用。

注意观察工作过程和运行结果,杀毒完成后,必要时可以打开"查看日志"阅读。

第三,在线杀毒。上网请进入瑞星公司网站主页后,调用"在线杀毒"功能,掌握在线杀毒的概念和作用。

实验5　关于信息安全的进一步理解

一、实验目的

增强对当今信息安全的理解。

二、实验说明

"911"事件之后发表于《全球科技经济瞭望》上的"美国人对信息与安全问题的思考"一文,进一步增强对信息安全重要性的理解。

三、实验内容

请阅读以下资料。

"911"事件刺疼了美国人，震惊了世界，由此在全球范围内拉开了反恐战争的序幕。美国人从这一触目惊心的事件中认识到，美国本土已成为恐怖分子实施大规模袭击的潜在战场，国家安全的地理界限改变了，传统意义上的国家安全观念混乱了，常规的保卫国家安全的手段不足以解决问题了，一定要从新的角度来考虑和解决国家安全问题。2002 年 11 月布什总统签署法令成立国土安全部，配备 17 万名员工负责保护美国免遭恐怖袭击。这毕竟是组织结构上的一个措施。到底应该从何入手解决免遭恐怖袭击和保护国土安全的问题呢？美国上上下下都在思考着这个问题。

2002 年 4 月，在马克尔基金会的策划和资助下，来自美国信息技术、公民自由法律和国家安全领域的 44 名专家组成了一支"信息时代国家安全工作队"，经过 6 个多月的紧张工作，完成了一份 173 页的研究报告，题为《信息时代保护美国的自由》。之所以选择这个题目，是由于专家们认为信息和信息处理对于国家安全来说相当于大脑对于人体的作用，但美国一贯标榜自己是个自由国家，不能限制个人的自由，另一方面，要保卫国家安全，尤其是在恐怖主义猖獗的新形势下加强安全措施，又不得不对个人的信息进行收集和掌控。这就牵涉到法律、政策、方法、手段等诸多问题。开展这项研究并不是受美国政府的委托，美国政府也没有正式参与，但是政府里的高官对该研究报告的评价是：给人留下了深刻印象的这伙人确实提出了要害问题，并且以充分的理由提供了第一份答卷。

这份研究报告提出了一个鲜明的观点：许多美国人都认为技术是美国军事和经济实力之源，因此在面对需要解决的许多本质问题时往往一味地寻求技术方案。实际上美国的技术成就（包括在武器、经济和科学方面）只是美国社会力量的一种反映。美国社会逐步演化、发展并组织到如今的地步，足以释放和激励人们的创新精神。虽然保护国家安全需要技术，但是一个成功的国家情报和信息战略应该组织民众走创新的道路。

布什总统在关于国土安全的国家战略中列出了三项目标：①在美国国内防止恐怖分子袭击；②减少美国在恐怖主义面前的薄弱环节；③受到恐怖袭击后将损失减至最小并尽可能恢复。而获取和使用信息的方法将决定能在多大程度上实现这些目标。

该研究报告的着眼点放在建立一个全国范围的网络化的国土安全社会，并为此构思了新一代国家安全基础设施的要素。真正的挑战不局限于收集和分享信息，而在于有效地使用信息，对收集到的信息加以有效合理地分析，采用迎刃而解的技术来支持从紧急情况现场人员直至总统的最终用户。

目前的状况是，各个机构都为其自身信息系统的现代化投入了不少钱，但是在联邦机构之间如何分享信息和情报的问题上，几乎没有进行任何投入。首都作为国内外信息和情报汇集的中心，其地位当然是十分重要的。但是国土安全的前线绝大部分是在首都以外。恐怖分子袭击的目标通常是由当地人来保护的。首都只能是一个大网络中许多节点当中的一个关键节点。如何把散布在各地的分析家和工作人员的力量集中到一个具体问题上开展工作才是真实的挑战。

构成当今信息社会的三大技术支柱是计算、通信和数据存储。近 50 年来，这三项技术的能力有了突飞猛进的发展。美国与因特网连接的主机已超过 1.5 亿台，分析能力也相应地大为提高。在如此广泛和深入的连接状态下,通过网络传输文字、金钱等信息简直就是点指之劳。随之而来的是对国家安全的威胁也呈现出分散化、网络化和动态的特点。

传统的通信网络是等级森严的,信息流通通常是自上而下的。随着社会相互连接得越来越紧密,通信网络也进化了。新型的通信网络趋向于建立在平等的基础上,在一个信息区域或跨信息区域的个体用户之间形成动态的连接,其参与形式是多种多样的,各自起的作用也不同。在国家安全基础设施的框架内,地方警察、州里的卫生官员、国家情报分析人员都是这个网络中的重要成员。公安、交通、卫生、农业、能源等领域都可以在一个网络里展开集体行动,组成虚拟的特殊工作组,为一项专门的任务动员起来,而不需要一个中央管理员来协调相互之间的关系。这样各方面的人员就可以在各自的岗位上服务于国家安全的总体目标。当今面临的问题是全球性的多方位的,解决的办法可能存在于散布在各地的成千上万的警察、医生、消防队员、士兵、急救人员等之中。让地方人员发挥作用可能会更加奏效。犹他州冬季奥运会安全保卫部、加利福尼亚州反恐信息中心、休斯敦警察局等已经取得了实际经验。他们在现有行业网络的基础上,采用协调、合作和扩展的工作方式,自下而上地形成了"集成式"的,而不是"排烟管道式"的动作模式。这应该被视作一种有益的尝试,运用网络化的信息和分析力量,让更多的特殊实体形成合力。防火墙、信息流的审计监测等技术解决方案也很有帮助。美国现在需要的是在国家首脑的层面上把这些知识和经验运用到建立真正有效的国家安全信息体系当中。

该研究报告提出了建立美国新一代国土安全信息网络的10个要素:①授权给地方,让其能够参与提供、获得、使用和分析数据;②提供经费和协作;③为保护公民自由制定指南和建立保障措施;④消除数据盲点,保证通信的双向交流,不能有"死胡同";⑤设计一个强大的系统;⑥建设网络分析和最优化的能力;⑦为发展和更新做出规划;⑧加强现有的基础设施;⑨制定网络安全演习方案;⑩创造连接文化,保护国土安全是每一个公民的责任,要把各种组织机构的人凝聚在一起,而不仅仅是把计算机连接起来。

在为了保证国土安全应该做什么样的分析这个问题上,该研究报告强调了两个方面的工作:①广泛搜索,发现薄弱之处。国家安全部门应该思索并排列出最薄弱的潜在目标,以及可能对其实施攻击的最危险的手段。具体方法可以采用推测分析、手段分析、危险性分析等。在这项工作的基础上,就可以制定出掌控个人信息的原则,相当于设立"门槛";②对已明确的问题进行深究。比如国家安全部门的分析中心要对国内外凡是对美国有潜在危险的个人和团体进行情报的收集,要了解其目的、战略、能力、联络网、支持条件、活动内容、特点、习惯、生活方式、招募人员、侦察、目标选择、后勤、旅行等情况。当把所有的信息联系起来时,就可以产生出更多的结果。要达到这个效果,不必建立一个庞大的数据仓库,关键是分析中心要能够与所需要的数据库连接上,这需要建立专门的知识、系统和中间件。当务之急是怎样更有效地利用政府现有的海量数据和公共数据。

与设置"门槛"相呼应的是建立监控"名单"(俗称"黑名单")。当把"门槛"和"名单"合在一起使用时,就是很有效的保安行动了。该研究报告以"911"劫机犯为例,来说明这种做法的效果,不妨看看:

假设:每个购买飞机票的旅客姓名都与监控"名单"核对。如果"吻合",即查阅与该人相关的所有可以得到的信息,以识别可能出现的联系(在几秒钟内对多个数据库里的姓名和地址加以核对的软件实际上已经存在)。

　　实施：2001 年 8 月，Nawah Alhamzi 和 Khalid Al-Midhar 两人购买了美航 77 航班的机票(撞击五角大楼那架飞机)。他们用的是真实姓名。他们两人的名字那时已经在"名单"上，因为他们在马来西亚参加过恐怖分子的会议，被联邦调查局(FBI)和中央情报局(CIA)认作恐怖嫌疑分子。

　　这两个人的名字与"名单"对上以后，还只是第一步，这时要开始查验更多的数据。通过查验地址，可以发现 Salem AI-Hazmi(他也买了美航 77 航班的机票)用的是与 Nawah Alhamzi 同一地址。更重要的是，还可以进一步发现，MohamedAtta(撞击世贸中心北楼那架飞机的劫机犯)和 Marwan AI-Shehhi (撞击世贸中心南楼那架飞机的劫机犯)与 Khalid Al-Midhar 是同一个地址。

　　这时可以把 MohamedAtta 也作为恐怖嫌疑分子，把他的电话号码(这是很容易得到的公共信息)加入到"名单"中，由此又可以发现另外 5 个劫机犯的线索。

　　在他们尚未登机的这段时间里，可以做进一步的调查，会发现他们参加航校培训的情况或与国外联系的疑点。这样就有可能识破他们的阴谋，防止这一惨剧的发生。

　　需要提及的是，生物信息技术手段是非常有力的工具。政府数据库中可以留有申请签证或被逮捕过的人的照片、指纹等各种生物统计学方面的数据。在机场安全检查时，把乘客的照片、指纹等数据与数据库里的数据加以对照，即使是使用假证件也蒙骗不了安全系统的这套信息技术。

　　该研究报告特别指出，制定合适的指导原则对于建立和使用国土安全信息网络至关重要。指导原则要明确规定把一个人列入名单或从名单中删除的条件和程序，收集信息的选项和标准，哪些机构可以使用和怎样使用，一旦发现与"名单"对上号的人时采取什么行动，等等。入网的数据库要有统一的协议和标引，否则难以保证质量，会减低信息技术的效力。另外，这样一个影响面如此深广的网络应该作为一个研究项目来对待，先通过验证，然后才能运用到实际当中，而且指导原则要由总统来发布，以保证所有的机构都能参与、共享和执行。

　　这份研究报告还指出，美国政府机构一直在努力得到和使用更先进的信息技术，但进度缓慢。究其原因，主要包括：过于僵硬的采购制度；官僚机构的惰性和阻力；政府职员对技能和知识的欠缺；跟不上信息技术进步的步伐，主观主义做出的计划；为采用信息技术所拨经费的不足(尤其是用于机构之间合作的经费)；私营部门的专家不愿意与政府合作，因为他们看到政府里明显的僵化、侵权和潜在的责任不清，还有一些大的项目并未取得计划当中的结果。该研究报告针对这些问题向美国政府提出了改进的建议。

　　这份研究报告代表了美国当前研究信息与安全问题的最新成果，提出了一个值得深思的题目，即技术本身并不能作为万能的灵丹妙药，如果能够科学地进行运筹和管理的话，可以省钱、省力、省时、高效、优质和快捷地达到预期目的，实现所追求的目标。否则的话，可能会适得其反。

　　还有一件值得重视的事情就是美国总统布什于 2002 年 7 月签署了《国家安全总统令第 16 号》，命令美国政府研究制定出向敌人的计算机网络发动网络战争的指挥原则。其指导思想是在将来战争中，用网络武器神不知鬼不觉地渗透到敌方计算机系统里，代替炸弹，以更为迅速和不付出流血代价的方式打击敌方目标，例如关闭雷达、摧毁电子设备、破坏电话通信等。美国总统网络安全特别顾问声称美国已具有这种能力，已成立了这种组织，只是缺少一个周密的指挥战略和程序。美军将领说要把网络武器作为美军武库中的一个必要部分，并培养网络军事家。由此可见，美国对信息与安全的考虑并不只是防卫性的，而是进攻性的，一旦需要，会采取他们惯用的"先发制人"的手段。

实验 6 关于计算机中文件的安全

一、实验目的

计算机中的文件是信息安全的主要保护对象。

二、实验说明

学习和掌握文件的存储结构及文件系统知识。

三、实验内容

关于文件的存储结构。

文件的物理结构——文件在外存上如何存放以及与逻辑结构的关系要有所了解。

在外存储器系统中，文件被存放之前需要通过一定的格式化处理，而格式化处理涉及以下的知识。

按文件的不同的物理存储方法，文件有连续存储、串连（链式）存储、索引存储等结构。

关于磁盘上的磁道、扇区和簇。

簇（Cluster）——几个相邻的磁道和扇区组成扇区组。

不同规格的磁盘，技术规范不同，簇的扇区数也不同；

存储结构上，把一个扇区或一个簇当作一个存储单位；

一个文件可以使用一个或多个扇区或簇；

一个扇区或簇被一个文件存放了数据，哪怕存放了一位数据，这个扇区或簇就被标记为全部被这个文件所使用。

系统提供的文件大小和存储空间是不同的，一般情况下总是存储空间大于文件的实际大小。什么原因呢？

先讲存储器的物理区块。

物理区块划分越小，存储器的使用率就越高；划分得越细，管理这种划分需要的开销就越大。

扇区一般在 512B 到几 KB 之间选择。

1. 关于 FAT 系统

不同的文件系统有不同的存储结构。

MS 文件系统存储结构有：

FAT12

FAT16

FAT32

NTFS

FAT(File Allocation Table)即文件分配表。操作系统通过建立文件分配表 FAT,记录磁盘上的每一个簇是否存放数据。

三种 FAT 代表所支持的不同容量的磁盘:

FAT12:磁盘容量在 16MB 以下。

FAT16:支持 16MB 到 2GB 的磁盘,Windows NT 及更高版本,支持 4GB 磁盘。

FAT32:支持 512MB 到 2TB(2000GB)的磁盘空间,也就是支持大容量磁盘(LBA)。

FAT 特点:

小存储系统,系统开销小,系统损坏有可能被恢复;

大容量系统,分区数目增加,性能迅速下降。

2. HPFS 和 NTFS 系统

(1) HPFS 即 High Performance File System,IBM 设计,曾被 Win3.1 和 Win NT 所使用。

HPFS 保留了 FAT 的目录组织,增加了基于文件名的自动目录排序功能,文件名扩展到最多可为 254 个双字节字符。

HPFS 的簇改为一个物理扇区(512B),最适用于 200~400MB 范围的磁盘。

(2) NTFS 即 New Technology File System,微软首次使用内建的 NT 文件系统,Windows 高版本推荐使用 NTFS,也保留了 FAT16 和 FAT32 系统供用户安装时选择。

DOS 和先前版本的 Windows 使用的是 FAT。

NTFS 支持 FTA 结构。

NTFS 支持磁盘 16EB(264B,17,119,869,184TB),而人类能够说出的所有词汇大约为 5EB!

NTFS 不必在 C 盘:系统可存在 NTFS 盘的任何物理位置——意味着任何磁道损坏都不会导致整个磁盘不可用。

用扩展 FAT 表即 MFT(Main File Table)。

NTFS 不具备自动修复功能!

Windows 2000 以后,NTFS 提供了一个使用 USN(Update Series Number)日志和还原点来检查文件系统的一致性,可以将系统恢复到一个设置的时间点。

文件加密、文件夹和文件权限、磁盘配额和压缩等功能。

文件系统的安全是一个被大多数用户关心而又容易被忽视的问题,比起机器硬件,文件和数据的破坏更加糟糕!

无论是什么原因导致文件系统损坏,恢复全部信息不但困难而且费时,大多数情况下往往是不可能的。

保护文件系统——使用密码、存取权限以及建立更复杂的保护模型等,而备份是最佳方法,最简单的是使用复制。

系统常用的数据安全技术一般是 RAID。

参 考 文 献

[1] 中国高等院校计算机基础教育课题研究组.中国高等院校计算机基础教育课程体系 2008[M].北京：清华大学出版社,2008.

[2] 刘腾红等.大学计算机基础[M].北京：清华大学出版社,2007.

[3] 刘腾红等.计算机应用基础[M].北京：清华大学出版社,2009.

[4] 刘腾红等.大学计算机基础(第 2 版)[M].北京：清华大学出版社,2011.

[5] 刘腾红等.大学计算机基础(第 3 版)[M].北京：清华大学出版社,2013.

[6] 刘腾红等.大学计算机基础实验指导[M].北京：清华大学出版社,2007.

[7] 刘腾红等.计算机应用基础实验指导[M].北京：清华大学出版社,2009.

[8] 刘腾红等.计算机应用基础实验指导(第 2 版)[M].北京：清华大学出版社,2011.

[9] 艾明晶.大学计算机基础实验教程(第 2 版)[M].北京：清华大学出版社,2012.

[10] 王瑛淑雅,舒望皎.大学计算机应用基础教程实验指导[M].成都：四川大学出版社,2012.

[11] 冯博琴等.大学计算机基础实验指导(第 3 版)[M].北京：中国铁道出版社,2010.

[12] 顾淑清等.大学计算机应用基础实验指导(第 2 版)[M].北京：北京邮电大学出版社,2012.

[13] 马志强.大学计算机基础实验教程[M].北京：科学出版社.2012.

[14] 吴元斌,熊江,钟静.大学计算机基础实验教程[M].北京：科学出版社,2012.

[15] 彭金莲.大学计算机基础实验指导[M].北京：中国水利水电出版社,2012.

[16] 杨继,隋庆茹.大学计算机基础教程及实验指导(第 2 版)[M].北京：中国水利水电出版社,2012.